OBAMA ET LES CELLULES SOUCHES EMBRYONNAIRES

Nouvel épisode de l'hégémonisme américain dans le dernier ordre biotechnologique mondial

Essai

Iba Fall

Obama et les cellules souches embryonnaires

Nouvel épisode de l'hégémonisme américain dans le dernier ordre biotechnologique mondial

Essai

L'Harmattan
Sénégal

10 VDN, Sicap Amitié 3, Lotissement Cité Police, DAKAR

http://www.librairieharmattan.com
diffusion.harmattan@wanadoo.fr
harmattan1@wanadoo.fr

ISBN : 978-2-343-08971-3
EAN : 9782343089713

DÉDICACES

À mes enfants Mouhammad Makhiy, Ahmed Sadio et Bouna, en guise de compensation pour vous avoir repoussés, ignorés et privés de caresses lors des moments de recherches.

À tous les altermondialistes.

À tous les Américains offusqués par les politiques belliqueuses de leurs administrations.

« *Pour ceux qui voudraient s'intéresser à la transformation de notre propre espèce, il s'agirait non d'intervenir ponctuellement sur un individu périssable, mais de modifier de façon irréversible le patrimoine biologique collectif.* »[1]

---

[1] Albert Jacquard, *Éloge de la différence, La génétique et les hommes*, Paris, Éditions du Seuil, 1978, p. 9.

Albert Jacquard est généticien et professeur de renommée des universités (Montréal / Genève). Il est membre du Mouvement Universel pour la Responsabilité Scientifique et est l'auteur de beaucoup de publications.

AVERTISSEMENT

Voilà plus d'un siècle que la stratégie hégémonique américaine polarise les orientations de la géostratégie mondiale. Nous ne savons pas si cette tranche chronologique de la mondialisation est la phase la plus chaude en termes de guerres, de catastrophes nucléaires et d'impérialisme. Les sciences, particulièrement les biotechnologies, descendent de leur lit sémantique et expérimental pour s'emparer de l'économie, avec les organismes génétiquement modifiés (OGM), puis de la politique et des affaires. L'armée est devenue le plus grand pôle scientifique qui co-gouverne aux côtés des lobbies protéiformes. Pour le cas des États-Unis, on a un échantillon d'études dont la complexité exige des analyses et lectures transversales.

De ce point de vue, il ne s'agit pas d'une critique arbitraire et nihiliste dans la mesure où la complexité de notre monde exige une approche ou une lecture de la « re-liance », terme cher aux penseurs de la complexité. Aucune spécialité ne peut, dans sa tour d'ivoire, analyser objectivement les rapports de force entre les États et au sein d'un même État. Les rapports de forces échappent à toute logique rationnelle. Le droit ne s'y adosse pas sur une éthique claire. Il est heureux de constater aux États-Unis que des groupes et mouvements (les verts, les altermondialistes, les tendances socialistes...) mènent de vastes campagnes de sensibilisation, de mobilisation et de propagande afin de libérer les peuples des programmes hégémoniques, ultra-extravagants et sanguinaires, de lobbies et sectes.

Le lundi 9 mars 2009, le président Barack Obama déclara, à la face du monde, le décret portant la suppression de la loi restrictive sur la subvention et l'encouragement des recherches sur les cellules souches embryonnaires par l'État fédéral. Cette décision a une double portée. D'une part, dans un contexte d'effervescence des prouesses biotechnologiques, caractérisé par les « rêves post-humains » des « technoprophéties », elle marque un tournant dans la course vers l'hégémonisme. Après la guerre des étoiles, la conquête atomique, la ruée vers le nucléaire et l'uranium, elle sonne l'ère biotechnologique et bactériologique. D'autre part, le décret d'Obama lève le voile sur l'ambition hégémonique démesurée des États-Unis pour porter le leadership dans cette aventure. Le malaise fondamental de notre civilisation est qu'elle aspire à des utopies technoscientifiques qui sont en train de dépasser, à la fois, les systèmes éthiques, les espaces de droit et tous les déterminismes métaphysiques de notre temps. Pour qui comprend les enjeux actuels que mettent en œuvre les biotechnologies, notamment la biologie moléculaire, une telle décision est très révélatrice de cette aliénation. Elle ne saurait être neutre !

Le présent ouvrage, dans un style révolutionnaire, philosophique, futuriste et herméneutique, sonne la nécessité d'une plus grande concertation morale, éthique et politique à l'échelle universelle, sur des questions aussi délicates et en rapport avec le devenir humain. De nouveaux espaces de droit et d'éthique s'imposent dorénavant, dépassant ainsi les ambitions régionales égoïstes. Nous saisissons, en effet, le décret du président Barack Obama comme un prétexte pour élaborer une psychanalyse sans complaisance sur le narcissisme béat des États-Unis. Mentalité, jeunesse, pères fondateurs, histoire, discours et administration seront passés, en effet, au peigne fin d'une lecture scientifique et prospective afin de déceler les faiblesses de cette grande nation.

Toutefois, malgré la puissance des lobbies militaro-scientifiques et affairistes qui entretiennent une « économie de la guerre » ou une « entreprise de la violence » et leur interférence avec les autres appareils du pouvoir, une note d'espoir est entretenue par la volonté des institutions internationales d'éradiquer tous les risques qui compromettent le bien-être de l'Homme et de son environnement. Aux côtés des « luttes des classes » altermondialistes, des comités d'éthique religieux et scientifiques autonomes, des Américains vertueux désœuvrés par quelques politiques hégémoniques de leurs gouvernants et des individualités amarrées et menacées moralement, la stratégie des « institutions internationales » doit être concordante et humaniste, sans aucune influence des lois du marché. Cela paraît nécessaire pour juguler les velléités des peuples à aller vers des chocs biologiques ou des syndromes bactériologiques.

Les syndromes bactériologiques sont plus que probables dans une humanité où la civilisation sert à vouloir plus « civiliser la machine » que l'Homme. L'avenir du monde appartient aux « machines » dans un contexte que certains théoriciens, comme les anthropologues Georges Balandier et Marc Augé, nomment « surmodernité ».

Le dernier ordre mondial ne sera pas seulement déterminé par des logiques mercantilistes ou marchandes, idéologiques et militaires. Il sera déterminé aussi et plus encore par des considérations eschatologiques, diaboliques et fantasmagoriques. Sommes-nous dans cette phase ? Sans être radicaux, nous observons les prémisses d'une telle symbiose. L'illustration parfaite : il est quasiment impossible, et, quel que soit le champ de rationalité où l'on se situe, de comprendre les brutalités, les impunités et les égoïsmes auxquelles se livre notre humanité. Guerres, génocides, stigmatisations, terrorismes empoisonnent encore les lueurs d'espoir d'une humanité meurtrie. Il faut une raison « magique » et synthétique pour comprendre la logique inexplicable du monde.

INTRODUCTION

L'une des marques très hypothétiques de la mondialisation a été sans doute le foisonnement incessant des secteurs clés de la vie, l'organisation en de vastes réseaux des grandes sociétés et la vaste conquête scientifique des entreprises militaires. L'économie, la politique, l'entreprise militaire, la sécurité, les sciences expérimentales s'autodéterminent, s'entremêlent et font le social. Ils déterminent même une nouvelle « morale » non autocentrée autour de l'Homme, mais orientée plutôt vers des questions d'identités particulières. Celles-ci se fondent sur une technologie de plus en raciste et exclusive (puce intra, données biométriques, communauté génétique…).

Dans ces autodéterminations entre la Biologie, la Technologie et les identités, on note de plus en plus la place imposante qu'occupe le projet scientifique-militaire, particulièrement celui des États-Unis, tête de file incontestable de cette mondialisation qui n'épargne aucun pays. Nous ne voulons pas très vite parler des expressions réductionnistes (militarisation du monde, ghettoïsation du Sud, conspiration mondiale…), mais l'entreprise militaire-scientifique est dangereusement au centre des rapports de force entre peuples. Les autres pôles, certains pays européens (la Grande Bretagne, l'Angleterre, la France…) et quelques pays asiatiques (le Japon, la Chine…) suivent et portent le projet technoscientifique et militaire d'envergure, mais à un rythme moins cadencer que celui des États-Unis.

Il s'agit, en vérité d'un projet qui n'est conditionné ou contrôlé, pour le moment ni par une quelconque volonté de « codification » des Institutions internationales ni par des politiques gouvernementales internes de ces États. Au sein des États et paradoxalement au sein même de leurs administrations, d'autres lobbies d'intérêts opèrent et interfèrent parfaitement avec les institutions légitimes dans la gestion des stratégies scientifiques et militaires. Le projet n'est plus « homogène » dans la visée scientifique spécifique au sein d'un État comme ce fut le cas avant la guerre froide et jusque vers les années 60. Il a des revers politiques, économiques, militaires, médicaux [etc.], « paraétatiques ». Dans ces configurations complexes, les biotechnologies en pleine expansion sont à la croisée des chemins des stratégies. Elles sont devenues un eldorado hors pair notamment pour l'entreprise militaire et pour tous les lobbies extravagants.

Le projet scientifique-militaire entretient désormais un rapport de force avec les pouvoirs et les budgets exorbitants alloués en disent largement. Il ne s'agit pas seulement de se doter d'armes sophistiquées, mais de voir les possibilités de combinaisons qu'offre continuellement la Technoscience. Depuis la « fin » de la guerre froide, les États-Unis battent sans doute le record en investissement. Michael Moore écrit :

> « Les 250 milliards de dollars que le Pentagone entend consacrer en 2001 à la construction de 2800 nouveaux avions de combat Joint Strike Fighter suffiraient largement à payer les frais d'éducation de tous les étudiants américains de premier cycle. Les propositions d'augmentation du budget militaire pour les quatre prochaines années se chiffrent à 1600 milliards de dollars. D'après l'Office de la comptabilité nationale, la somme nécessaire pour rénover l'ensemble des établissements scolaires des États-Unis est de seulement 112 milliards de dollars. Si nous décidions de ne pas construire tous les avions de combat F-22 supplémentaires que l'armée de l'air réclamait pendant la Guerre froide (et que Clinton, puis Bush ont insisté pour financer), les 45 milliards de dollars ainsi économisés permettraient de financer tous les programmes de soutien scolaire aux enfants défavorisés pendant six ans. »[2]

Avec ses sommes faramineuses, l'armée américaine demeure une institution très influente, une sorte de « deuxième pouvoir ». Pour ainsi dire, le projet militaire est un véritable lobbying qui impulse des dynamiques au sein des pouvoirs de grandes puissances actuelles. Son impact est désormais régional et universel. Se frayant ainsi des intérêts dans les politiques portés par lesdits États, il détermine ou colore les décisions des sphères les plus hautes. Sur ce point, une « formation » comme la CIA ne saurait être considérée comme un simple appareil de sécurité intérieure de l'État américain. Ce qui est encore plus grave c'est que l'ONU même ne fait pas le poids face à ses dynamiques. Jean Ziegler écrit :

> « En 2008, pour la première fois dans l'histoire, les dépenses d'armement des États membres de l'ONU ont dépassé les 1000

---

[2] *Mike contre-attaque ! Bienvenue aux États stupides d'Amériques*, Trad. Marc Saint-Upéry, Paris, 10/18, La Découverte, 2002, pp. 175, 176.

milliards de dollars par an. Les États-Unis en ont dépensé 41% (la Chine, deuxième puissance militaire mondiale, 11%). Le même impératif pétrolier — et militaire — oblige ainsi le gouvernement de Washington à nouer à travers le monde des alliances stratégiques avec certains des États les plus méprisants du monde à l'égard des droits des peuples qu'ils contrôlent. »[3]

La prédominance de la volonté militaire-scientifique bouleverse et rend en effet les relations géopolitiques et géostratégiques plus complexes en les radicalisant par l'extrémisme, l'entretien de la peur et des menaces grâce aux manœuvres militaires répétées. Mais, en dehors des relations saillantes entre les pays, pour encadrer les enjeux géopolitiques et géostratégiques sous le « parrainage » très hypothétique et hypocrite des grandes Institutions telles que l'ONU, le G8, l'OTAN ou encore la CPI, une autre dimension « secrète » de la géostratégie reste intimement « dissimulée », et doit susciter ainsi une réelle inquiétude. Il s'agit de la guerre scientifique au sein même des entreprises militaires de vente d'armes dont le Conseil de Sécurité de l'ONU se donne très souvent comme destin de « panser » les bavures très catastrophiques au plan humanitaire.

Entre un « droit international » qui veut unir les peuples autour d'intérêts communs, d'une part, et des lobbies internes aux États, se nourrissant de la terreur, émanent d'une géostratégie sans âme et toujours agitée, d'autre part. Notre monde semble ainsi être condamné au chaos. On assiste à la production de la violence. Des groupes sont radicalisés pour attiser des guerres qui elles-mêmes deviennent de vastes marchés pour écouler des armes. La cyberdissidence est sans doute l'un des meilleurs exemples depuis la fameuse *révolution orange* et puis les *printemps arabes*. Parmi les dommages collatéraux, l'extraordinaire montée en puissance du phénomène de l'exode des peuples. La question migratoire risquera, au-delà les pays dévastés et abandonnés, de créer de nouvelles tensions sociales internes chez les peuples qui leur assurent « l'hospitalité » et « l'asile ». Les États, impuissants, seront obligés de revoir leurs relations avec les autres, c'est-à-dire revoir l'interventionnisme militaire à la mesure des risques de tous.

Nous voulons parler du contraste manifeste entre les intentions scientifiques-militaires en question, avec leurs ambitions scientifiques

---

[3] *La haine de l'occident*, Paris, Éditions Albin Michel, 2008, p. 13.

démesurées, iniques et utopiques, et la volonté du « droit international » d'apaiser les tensions entre les peuples prônées par lesdites Institutions. Actuellement, un enjeu fondamental peut justifier « l'attachement » souvent coupable et plus accru des grandes puissances à leur véto onusien surtout lorsqu'il s'agit de réaliser des projets hégémoniques que nous avons mentionnés plus haut. Combien de fois encore, ces « grandes puissances » (États-Unis, grande Bretagne, France, Israël…) violeront-elles les résolutions desdites Institutions dont ils « défendent » tant la crédibilité dans leurs communications quotidiennes ?

Jusqu'où le véto sur le droit à la superpuissance scientifique-militaire sera-t-il hissé compte tenu des nouveaux enjeux des recherches sur les cellules souches embryonnaires ? Une telle question, si inconséquente parait-elle, doit rendre compte des investissements complexes auxquels nous exposeront les interactions entre les diplomaties stratégiques. La course est certes moins médiatisée que celle jadis « des étoiles », mais elle demeure tout de même une affaire majeure. Les projets militaires-scientifiques, le droit international et les Institutions qui l'incarnent jongleront peut-être avec cette question comme ils le font avec les problèmes écologiques… De toute façon, rien ne facilitera la mise en place d'un réel arbitrage, car l'éclatement de la Biologie en « mille » branches complexes grâce à ses succès technologiques aiguise davantage l'instinct de domination primaire.

Les prouesses biotechnologiques s'inviteront sous peu et de manière grandissante au concert des nations comme toute autre question d'enjeu universel tels la démocratie, l'émigration, le développement... Pour le moment, le faux statuquo semble être observé sur cette situation cruciale et mouvante. Les objectifs scientifiques et militaires ne font plus qu'une seule et même réalité dans beaucoup de pays, notamment dans ceux-là qualifiés de grandes puissances comme on l'a évoqué pour le cas des États-Unis. Les plus éminents scientifiques travaillent avec les services militaires ; comme ce fut le cas depuis longtemps d'ailleurs. Mais, il faut avouer que l'attraction est plus qu'importante aujourd'hui.

Les réseaux d'éminents scientifiques militaires ne se contentent plus de leurs fonctions régaliennes de prestations sécuritaires citoyennes et de défense territoriale, ils s'internationalisent dans une double relation, interne et externe, aux États. Certes, cette option ne date pas de maintenant, mais son envergure diplomatique est telle qu'aujourd'hui le sentiment de méfiance entre les peuples devient de plus en plus accru. Les lobbies scientifiques-militaires entrent dans les agendas des chefs d'État et les déterminent même. Obama avait déjà annoncé son intention, lors de sa campagne électorale, de soutenir les projets scientifiques autour des cellules souches ; mais ce qui est inquiétant et bizarre, il l'a inscrit dans la logique « guerrière », pour les États-Unis, de ne point se faire dépasser par les autres peuples en ce sens. On est à l'ère de la course aux « progrès scientifiques biotechnologiques ». L'idée est là, clairement exprimée et elle dépasse le simple volontarisme scientifique désintéressé !

Le débat ne s'invite véritablement pas, pour le moment, ni sur le plan de la discussion sur la légitimité ni à celui de la sécurité comparé d'ailleurs aux multiples résolutions portant sur des questions stratégiques sur lesquelles les instances internationales se donnent exclusivement pour les vraies « spécialistes ». Mais le caractère de plus en plus ostentatoire de la volonté de prise en charge des enjeux biotechnologiques dans les grands projets futuristes de décideurs politiques locaux nous autorise à penser que cette donnée va bientôt être au cœur des cercles de prises de décisions. Cela nous permet de nous demander si le monde n'est pas déjà dans la construction d'un nouvel ordre devant mener vers une nouvelle ère : le nouvel ordre biotechnologique !

Notre souci est de montrer aussi que la plupart des rêves politiques et militaires, des États-Unis particulièrement, sont nourris par des utopies scientifiques, culturelles et eschatologiques incontrôlables. Ces utopies, démesurées et quasi « diaboliques », sont très déterminantes pour l'avenir de la géopolitique mondiale. Au-delà la sauvegarde d'une hégémonie, elles reposent sur des imaginaires collectifs qui doivent défier l'Espace, le Temps et la Raison humaine. L'analyste Nkolo Foé qualifie cette nouvelle propension d'une sorte de « foi de la postmodernité », c'est-à-dire une « foi » sans foi, en permanente déréliction et en perpétuelle guerre contre la Raison humaine.

Dans notre analyse, le mot utopie renvoie plus à son sens philosophique, c'est-à-dire, non pas une chose irréalisable, mais plutôt un « projet » qui dépasse l'imaginaire collectif, le réel existant et l'habitude et dont la réalisation reste possible dans l'espoir et la pratique de ses adeptes. L'utopie, le mythe et l'eschatologie partagent en ce sens leurs caractères fantastique et révolutionnaire. On peut trouver le même sens chez Thomas More :

> « L'utopie, par la formation même du mot, désigne la contrée qui n'est nulle part : le ou de ou-topos ou u-topie, est privatif ; comme elle n'a existé ni n'existera en aucun temps, l'u-topie est aussi, selon la même formation linguistique, ou-chronos ou u-chronie. »[4]

Cependant, les États-Unis ne sont pas les seuls à être dans le « projet » hégémonique avec les biotechnologies. Nul ne doit oublier le dessein sioniste du « grand Israël » avec tous les mythes, les utopies et les guerres qui doivent les y conduire. Tout de même, les États-Unis en incarnent incontestablement le leadership. C'est pourquoi, dans ce livre, nous partons de la fameuse déclaration « mystérieuse » du lundi 9 mars 2009 du Président Barack Obama sur le décret portant la suppression de la loi restrictive sur la subvention et l'encouragement des recherches sur les cellules souches embryonnaires par l'État fédéral. Obama déclare avant de signer le décret :

> « Nous allons apporté le changement que tellement de scientifiques et de chercheurs, tellement de médecins (...), tellement de malades et leurs proches ont espéré au cours des huit dernières années, et pour lequel ils se sont battus ; nous allons lever l'interdiction faite à l'État fédéral de financer la recherche pleine de promesses sur les cellules souches embryonnaires (…). Nous apporterons un soutien vigoureux aux scientifiques qui mènent cette recherche. »[5]

Selon Nicole le Douarin, une cellule souche « *(...) se dit d'une cellule capable de division asymétrique générant une cellule semblable à elle-même et d'une cellule qui s'engage dans une voie définie de différenciation.* »[6] Ce type de cellule est le seul susceptible de permettre le clonage humain. Cet évènement est un tournant décisif pour tout observateur attentif à propos de la montée en puissance des biotechnologies dans les projets utopiques militaires et les investissements publiques. La particularité d'Obama c'est qu'il marque une rupture dans la longue tradition de préservation de la sacralité de la famille en Amérique.

---

[4] *L'utopie*, Trad. Marie Delcourt, Paris, G-FLAMMARION, 1987, p. 16.

[5] Réf. Le Monde.fr avec AFP | 07.03.2009 à 11h02 • Mis à jour le 09.03.2009 à 19h 33.

[6] *Des chimères, des clones et des gènes,* Op. cit., p. 431.

Ce n'est plus un secret, lorsque les administrations américaines engagent une politique stratégique de cette envergure, on ne fait pas seulement face à un simple objectif politique ou social, mais plutôt à des visées multiples : économique, sectaire, idéologique, lobbying... Bush, lui, a défendu la politique inverse « entrant » — soi-disant— dans l'ordre de ses croyances. Derrière la politique pure, les restrictions imposées par George W. Bush au financement par l'État fédéral de la recherche sur les cellules souches obtenues à partir de l'embryon humain sonnaient, pour beaucoup d'Américains attachés à la préservation de la famille et du genre humain, comme une obligation éthique.

Mais Bush n'est pas aussi puritain qu'il le prétend. Sa fureur dans la lutte contre le « Mal », comme il aimait le dire par exemple, est nourrie par sa croyance sectaire en des eschatologies sanglantes. Des raisons « religieuses » auraient empêché Bush de soutenir un pareil projet de libéralisation de la recherche :

> « M. Bush, au nom de ses convictions religieuses et morales traditionalistes, a interdit peu après son accession à la présidence en 2001 tout financement par l'État fédéral de la recherche sur les cellules souches de l'embryon. Son décret d'août 2001 permettait aux chercheurs recevant des financements de l'État de travailler seulement sur des lignées de cellules souches embryonnaires créées avant cette date. Il a mis son veto à des projets de loi favorisant cette recherche et adopté par le Congrès, quand le Parlement était républicain comme lui ou ensuite démocrate. Son interdiction n'empêchait pas le financement privé de la recherche. »[7]

Obama aussi aurait soutenu personnellement le contraire pour des raisons, en partie, « religieuses » et douteuses même si apparemment il invoque au premier chef une motivation sociomédicale.

Par ailleurs, l'entreprise de propagande cinématographique américaine, depuis plus de deux décennies déjà, accompagne le phénomène de l'explosion biotechnologique en question. Le rêve hégémonique qu'en nourrissent les États-Unis est démontré par la vaste propagande de Hollywood. Nous consacrerons un chapitre à cette question dans les pages qui suivent. En quelque façon, les réalisations des utopies non anthropocentriques sont ou seront, à la

---

[7] Réf. Le Monde.fr avec AFP | 07.03.2009 à 11h02 • Mis à jour le 09.03.2009 à 19h 33.

fois, le nouveau paradigme central autour duquel (et pour lequel) risquent de se polariser les investissements d'envergures.

Désormais, les investissements, y compris ceux destinés auparavant à la conquête spatiale et à la recherche nucléaire, iront au compte du nouvel eldorado. Obama a bien sonné l'alerte d'une course, longtemps annoncée. La question des cellules souches embryonnaires demeure une notion stratégique dans son lien, à la fois, à la géostratégie, aux projets militaires, au nouvel ordre mondial, bref au cocktail devant nourrir l'hégémonisme américain. Mais la posture des États-Unis, sans être unique, replace les autres puissances oligarchiques, aussi intéressées par le projet, dans la logique de guerre froide-biotechnologique. Seulement, cette fois-ci, les motivations ne sont pas assez dissimulées.

Il ne s'agit pas seulement d'utiliser les cellules souches comme matière brute à des « inventions » surhumaines futuristes et/ou à des fins de santé publique, mais plutôt de « créer » le (ou du) « vivant » extra-biologique aux fins hégémoniques. Ainsi, de la manipulation microbiologique à la création de la cellule synthétique, un chemin merveilleux reste à faire. Enfin, sous l'angle de l'expression des idéologies de la postmodernité, les merveilles des cellules souches embryonnaires seront aussi centrales dans la détermination vis-à-vis de ses courants dominants : la post-humanité, la post-métaphysique et la post-mondialisation. Mais, tout cela, sous le magistère indiscutable des États-Unis dont les populations, à la croisée des chemins de toutes les manipulations, se trouvent être destinées à une aventure à la fois déterminante pour leur avenir et pour celui du monde. Dominique Lecourt écrit :

> « Le préfixe "post", si populaire sur les campus nord-américains (pensez à la gloire du postmodernisme !), depuis bientôt trois décennies, marque en l'occurrence plus que le constat de la fin d'une époque dans l'histoire humaine ; il désigne, comme un fait accompli, la fin des fins : dans l'effort de connaissance qui soutient son devenir, l'humanité en serait venue à s'expulser, pour ainsi dire, elle-même de son être. Rompant le fil d'une histoire pathétique et sublime, elle ne reconnaîtrait plus aucune des valeurs qui ont jalonné jusqu'à ce jour son chemin. Et s'il était encore permis de juger cette "posthumanité", à l'aune de nos actuelles valeurs, elle apparaîtrait comme pure inhumanité. »[8]

---

[8] *Humain post humain*, Paris, PUF, 2003, pp. 2, 3.

Après la conquête spatiale, la course vers l'énergie atomique puis l'ère nucléaire et chimique, l'humanité s'emballe vers l'ordre biotechnologique qui sera plus utopiste que rationnel, plus magique et fantastique que réaliste. L'ère biotechnologique consacrera l'avènement des armes bactériologique-occultes. Les humanités y seront moralement torturées par de multiples impiétés scientifiques aux antipodes de toute valeur morale imaginable. Mais qu'est-ce qu'un ordre au sens idéologique ? Philippe Moreau Defarges nous propose le contenu suivant :

> « Un ordre peut être défini comme un ensemble plus ou moins cohérent, plus ou moins stable de principes, de règles, de pratiques ; ces dispositions sont intériorisées par les acteurs concernés (individus, communautés de toutes sortes, États...), la garantie ultime de leur respect étant assurée par un système de sanctions. Comme le montre Bénédict Anderson à propos des nations, tout ordre est "une communauté imaginée". Tout ordre implique un dosage complexe de droit et de force, de libre consentement et de contrainte, tenu ensemble par un esprit particulier qui lui assure sa légitimité. Par ailleurs, tout ordre est unique. Tout ordre qui s'éteint s'efface pour toujours. »[9]

Le dernier ordre mondial sera biotechnologique, fantasmagorique et diabolique. Il consacrera la « réalisation » des technoprophéties eschatologiques qui dépasseront de très loin l'entendement humain. Il ne sera pas une post humanité, mais plutôt la fin des fins. Toutes les ruptures épistémologiques incessantes et incontrôlables de notre temps viennent conforter la superpuissance des sciences dites « du futur » qui ne sont plus à la mesure de l'Homme. Celui-ci, pour être alors au rythme des prouesses du génie inventif humain, va devoir défier de façon pratique tous les déterminismes métaphysiques, physiques et biologiques. En ce sens, les espaces de droit n'auront aucune forme de sens, dépendant totalement d'une « réalité » où la question du sens n'est pas forcément primordiale.

---

[9] *L'ordre mondial*, Paris, Dalloz, Armand Colin, 2e édition, 2000, p. 6.

PREMIÈRE PARTIE

CONJECTURES SUR UN CHANGEMENT DE STRATÉGIE HÉGÉMONIQUE

I.1. CONTEXTE ET ENJEUX DU DÉCRET D'OBAMA

Aux élections américaines de mi-mandat 2010, consacrant la première évaluation du premier parcours tant contesté du fameux président dont l'avènement à la tête de la plus complexe magistrature du monde a suscité beaucoup d'euphories et de passions de la part des Américains et non américains — Obama —, des vagues de critiques ont déferlées en sa défaveur. Des critiques mettant en cause les grands axes décisionnels de son mandat, notamment, les lois sur l'organisation du travail, critiquées par les syndicats comme trop favorables au patronat au détriment des salariés, le financement pour la généralisation de la couverture sanitaire — dans le budget 2009 — 2010, un fonds de 634 milliards de dollars sur dix ans est créé à ce propos —, la réforme du système éducatif américain, en particulier de l'enseignement secondaire, par la mise en place d'un ensemble de mesures pour rendre les programmes d'enseignement moins coûteux et plus « efficaces »... En un mot, les citoyens américains ont fait, suivant différents clivages et sensibilités, le bilan concernant les politiques du président Obama et, peut-être, sans complaisance. Mais la course d'Obama vers les cellules souches embryonnaires n'a curieusement pas été passée au crible des critiques ! Pas même la question, plus ample, des valeurs concernant la famille ou l'embryon humain.

La conséquence politique du fiasco politique concernant ce premier mandat : en novembre 2010 ont lieu les élections de mi-mandat sur fond de crise économique, de chômage, de popularité en berne des démocrates et de la montée du mouvement des *Tea Party*. Les élections à la Chambre des représentants des États-Unis de 2010 se soldent par un renversement de majorité et une large victoire républicaine — 52,5% des voix et 56% des sièges —. Les élections sénatoriales américaines de 2010 se soldent par le maintien de la majorité démocrate (51 sièges+2 indépendants assimilés, mais réduite de 6 sièges). Mais ce que l'opinion américaine ignore chez Obama c'est qu'il fait partie de ces présidents qui choisissent de satisfaire en même temps autant la demande publique que les milliers de lobbies qui influencent le pouvoir. D'autres présidents qui optent pour le contraire auraient tout simplement choisi de consacrer le seul investissement social au détriment de l'accès à un second mandat.

Nonobstant ces défaillances, Obama aurait bénéficié en ce sens de trois arguments déterminants, en plus bien sûr de sa « réussite » au plan social : la poursuite sans faille du projet militaire de son prédécesseur, l'engagement pour l'amélioration des projets de santé publique (dans les projets de réformes sociales) où, disent-ils, il faut inscrire l'encouragement concernant les cellules souches et, enfin, le soutien considérable des lobbies juifs[10] des États-Unis. Toutefois, dans leurs majorités, les reproches et recommandations des Américains nous semblent, peut-être à raison, essentiellement focalisés sur la vie intérieure de leur pays ou, tout au moins, sur le seul aspect socioéconomique (réformes sanitaires, chômage, taxes de retraites, etc.).

Il n'a nullement été question d'un bilan moral des valeurs. Ceci n'est pas négatif, mais la dimension éthique ne devait en aucune manière être occultée. À cet égard, une donnée fondamentale semble être oubliée, la chose la plus incertaine qui engage aujourd'hui de façon incontestable tout le devenir du monde : le vaste champ de manipulation des cellules souches embryonnaires humaines. Il est temps que les bilans des présidents fassent des rapports critiques sur les décisions scientifiques d'envergures, et cela doit être le combat des communautés éthiques et celui des institutions internationales…

Directement, nous faisons allusion à tous les mystères et les significations que peut cacher la décision de Barack Obama consistant dans la signature, le 9 mars 2009, du décret autorisant le financement public (par l'État fédéral) de la recherche sur les cellules souches embryonnaires.[11] Levant, en effet, l'interdiction du financement

---

[10] Il s'agit, entre autres, de l'AIPAC, un lobby existant depuis plus de 40 ans aux États-Unis pour défendre les intérêts d'Israël et dont la collaboration permet également aux politiques d'obtenir de fortes sommes d'argent et un important électorat très prisé. L'AIPAC est très influent envers le Congrès américain, la maison blanche et l'ensemble des leaders d'opinion (les journalistes, les artistes, les scientifiques de renom…). Pour l'élection de la chambre des représentants, un élu aurait besoin environ de 1 million de dollars, pour la course au SENAT, il faut avoir entre 25 et 50 millions de dollars ; voilà pourquoi, les lobbies tiennent avec une main de fer leur influence grâce à l'argent. Il faut suivre les vidéos sur les déclarations d'Obama lors des fois où il a été convié aux anniversaires dudit lobby.

[11] « Le président américain, Barack Obama, a levé, lundi 9 mars, les restrictions imposées par George W. Bush au financement par l'État fédéral de la recherche sur les cellules souches obtenues à partir de l'embryon humain. Invoquant l'espoir que cette recherche aide à soigner certaines des maladies les plus graves, il a signé un

fédéral de ces recherches, jadis entretenu par son prédécesseur George W. Bush — qui l'a signée, cette interdiction, le 9 août 2001 —, Obama nourrit un mythe par rapport auquel l'opinion américaine et mondiale ne sont que partiellement éclairées. Du moins, pour ceux-là qui suivent l'évolution correcte des enjeux sur les recherches en la matière, l'empressement et la passion du président suscitent l'étonnement.

Fallait-il, par rapport au bilan, l'inscrire dans les questions géopolitiques ou simplement dans quelques demandes sociales, comme le stipule « l'argumentaire » d'Obama à ce propos, c'est-à-dire l'espoir de trouver des solutions aux maladies dangereuses telles que le diabète, la maladie de parkinson et certains cancers ? Mais, d'abord, est-ce que les Américains ont accordé une importance à la question relative aux cellules souches ? Oui ! Cela peut être dû seulement à l'angle médical « sensible » sous lequel Obama inscrit la justification d'un tel encouragement ; de toute façon, il n'en est pas moins une récompense au profit des « aventuriers » à la conquête des cellules souches. Au-delà du volet médical évoqué, c'est une manière aussi de délier les mains des entreprises d'armement dans leur volonté de « couplage bizarre » de choses pour arriver à des armes qui dépassent l'imagination humaine. Déjà, les drones émerveillent et laissent planer bien des mystères, pour donner l'exemple de la stupeur qu'entretiennent les armes de dernières générations.

Mais, avec son regard de « patriote » soucieux de résoudre les problèmes de santé locale, Obama peut-il convaincre le reste du monde sur l'impératif de libéraliser à l'extrême des recherches jusque-là contrôlées et redoutées ? Grave erreur ! La question est trop sérieuse pour motiver uniquement des préoccupations locales. Et cela aurait dû pourtant susciter plus de grognes à l'heure de ce fameux bilan de mi-mandat. Ce qui n'est pas le cas ! La décision du 9 mars est l'une des mesures majeures du mi-mandat compte tenu de son envergure morale et de son actualité.

La recherche d'une solution à la souffrance des diabétiques a été brandie comme argument justificatif. L'argument ne saurer se fonder ni être centré sur la seule idée de satisfaire des Américains diabétiques, pour paradoxale que soit l'argument du président Obama, au détriment des millions d'Américains qui y voient « une simple

---

décret révisant la politique de M. Bush en la matière », Le Monde.fr avec AFP 07.03.2009 à 11h 02

aventure budgétivore », à côté d'autres priorités. Il a essayé cependant de rassurer par l'argument simpliste d'« une utilisation responsable » de la part des acteurs. Le Dr Paul Robertson, président de la division médecine et science de l'ADA[12], soutient :

> « L'utilisation éthique de la recherche sur les cellules souches contient la promesse d'une accélération des avancées médicales dans nombre de domaines [...] Ceci apporte de l'espoir à quelque 24 millions d'enfants et d'adultes américains qui ont un diabète, qui font face à nombre de complications parmi lesquelles maladie cardiaque, amputation, cécité. Le diabète est par ailleurs mortel – c'est une cause majeure de décès aux États-Unis. »[13]

Pour lever a priori toute équivoque dans le rapport du problème que nous soulevons à la demande sociale médicale et, particulièrement, celle des personnes malades, essayons de diagnostiquer l'exemple que nous venons de donner. D'abord, la revendication et l'argument de l'ADA reposent sur une simple supposition, car il s'agit d'une probabilité de trouver un remède contre les conséquences du diabète dans la folle libération des recherches sur les cellules souches embryonnaires humaines et non un acquis. Ensuite, le mot *éthique* figurant dans l'affirmation du Dr Roberton pose problème. Comment parler de « *L'utilisation éthique de la recherche sur les cellules souches* » alors qu'aucun contrôle sérieux n'existe déjà sur la question, autant au plan mondial que régional. Enfin, il n'existe pas une définition consensuelle du concept *éthique* et surtout sur cet objet aléatoire.

Plus clairement, la notion « *L'utilisation éthique* » est une formule vide de sens et générique — du moins pour le moment — qui ne s'applique pas sérieusement aux recherches en question. Deux raisons simples justifient notre position : le silence hypocrite des États face aux velléités inavouées de leurs chercheurs et le manque de consensus sur le sens à donner au terme *éthique* dans les cercles de savants et chercheurs américains eux-mêmes. Ensuite, si la dimension éthique était déjà engagée, ça n'aurait pas dû susciter tant d'inquiétudes dans beaucoup de pays et chez des couches variées de la société.

Mais une telle déconstruction de l'argument insuffisant de l'éventuelle maîtrise d'une maladie ou d'une pathologie va au-delà de

---

[12] L'Association américaine du diabète (American Diabetes Association).

[13] http://www.ornl.gov/hgmis.

l'exemple de l'ADA. C'est une manière subtile de dire qu'une décision aussi grave sur les cellules souches déborde les enjeux régionaux et égoïstes d'un peuple ou d'un pays, fut-il celui des États-Unis. Il n'en est rien d'autre si ce n'est pas de vouloir faire passer « une carte blanche » à des manipulations « douteuses », à conséquences universelles. En s'adossant sur la sensibilité de la demande publique en matière de renouvellement des carburants, de nouvelles formes d'énergies et/ou de nouvelles formes d'insulines, les politiques appuient des stratégies liberticides qui donnent libre cours aux puissantes sectes technoprophètes et fascistes.

Les questions fondamentales sont alors : quelle est aujourd'hui la responsabilité morale des politiques dans les aventures technoscientifiques ? Convient-il de parler d'autonomie morale des instances scientifiques vis-à-vis des sphères étatiques et économiques ? La deuxième question importe en ce sens que la plupart des intérêts politiques et économiques étatiques sont aveugles face aux exigences éthiques… La Science s'incline face à l'ordre économique des intérêts tout comme la politique. Et les politiques y trouvent un prétexte de taille pour calmer la tension relative à la demande sociale.

Dans le jeu politique des promesses et des beaux discours, les vœux scientifiques peuvent bel et bien servir de source d'espérance. Sans doute, la Science offre aux politiques de quoi promettre aux peuples désemparés le paradis sur terre. La Science est devenue plus que jamais une arme politique. Paul Feyerabend souligne le caractère, à la fois, hypocrite et incertain d'aventures en recherches scientifiques :

> « Le "développement" par exemple, a souvent été à l'origine de la pénurie qu'il essaye maintenant d'éliminer et il a détruit des cultures et des institutions sur lesquelles s'appuyait la vie d'un grand nombre de gens. Certains critiques ont ces inconvénients à l'esprit quand ils s'opposent à une extension toujours plus grande des pouvoirs de la science. Ils s'attachent aux problèmes de la vie. Ils veulent éliminer la faim, la maladie et la peur, mais ils sont conscients des dangers que comportent les technologies fondées sur la science. »[14]

[14] Paul Feyerabend, *Adieu la raison*, Trad. Baudouin Jurdant, Paris, Éditions du Seuil, 1989, p. 109.

Une telle décision a une implication double. Au plan interne, sans ignorer la menace qu'elle représente vers les autres nations dans le jeu de la géopolitique, elle donne libre cours aux chercheurs américains investis par un esprit de conquête vis-à-vis du clonage et de ses corolaires, sans aucun contrôle d'une quelconque institution internationale de surveillance que ce soit à ce propos. À un second niveau, toujours au plan interne, il se pose une question éthique qui engage la contradiction cette fois-ci dans les fondements religieux de l'éthique américaine même. Nous reviendrons plus loin sur ce point. Mais, la difficulté majeure reste les amalgames contenus dans les contre-arguments des inconditionnels défenseurs des pratiques hasardeuses sur les cellules souches. Les inconditionnels aventuriers assoiffés de merveilles !

On doit se demander : comment situer les problèmes éthiques entre les promesses de la biomédecine — vis-à-vis des milliers de patients espérant trouver un jour le sésame de leurs souffrances à travers les manipulations — et les inquiétudes d'une aventure, dont les préjudices futurs peuvent être à la fois économiques, sociales, politiques, militaires, etc. ? Certes, on ne peut pas douter des promesses utiles (?) de la recherche biomédicale en termes de remèdes, mais cela n'est pas non plus une excuse suffisante pour mener une aventure dont les multiples aboutissements créeront plus de dommages à l'humanité que les deux guerres mondiales.

I.2. Quel sens doit-on donner à la décision d'Obama dans le contexte tendu de la géostratégie mondiale ?

> « Chez nous, nos débats culturels — sur les armes, l'avortement, le rap — étaient d'autant plus animés que la Troisième Voie de Clinton, un État-providence réduit, sans grande ambition, mais sans point de friction, semblait d'écrire un large consensus sous-jacent sur les problèmes de redistribution, un consensus auquel même la première campagne de George W. Bush, avec son "conservatisme compassionnel", allait devoir donner son approbation. À l'international, les écrivains annonçaient la fin de l'Histoire, la domination du marché libre et de la démocratie libérale, le remplacement des vieilles haines et des guerres entre les nations par des communautés virtuelles et des luttes pour le partage

des marchés. Puis arriva le 11 septembre 2001, et le monde se fractura. »[15]

L'évènement en tant que tel a constitué, vu la sensibilité de la question et les inquiétudes que soulèvent aujourd'hui les cellules souches, un changement fondamental de paradigme dans l'histoire des stratégies géopolitiques et militaires américaines. Même si l'acte voulait politiquement se donner plus pour un banal encouragement de chercheurs dans un domaine de recherche, une décision patriotique et gratuite qu'une mesure pleine de risques et d'enjeux, il reste toutefois un tournant décisif. Précisons qu'au sein même des États-Unis la libération de la recherche par Obama et son système ne fait pas l'unanimité. Des franges réfractaires de la société américaine ont pourtant manifesté leur inquiétude. Mais l'amour de la suprématie l'emporte ; une nouvelle ère s'ouvre, car dans un futur très proche les cellules souches et les autres variantes synthétiques qui seront « créées » vont demeurer, à côté du nucléaire et de l'hydrogène, une arme ou stratégie de dissuasion sûre. Mais là, on sera dans une logique de guerre d'intérêts géopolitiques et géostratégiques en perspectives.

La dimension géopolitique de notre problème lui permet de s'ouvrir sur le débat, aujourd'hui, autour de la législation des recherches sur la biomédecine et les cellules souches. Les États-Unis ne sont pas seuls dans la « course ». Des institutions régionales et locales existent. Beaucoup de pays européens sont également engagés depuis longtemps autant dans la pratique que dans la détermination du cadre légal et juridique. Jaques Montagut évoque les positions juridiques des uns et des autres :

> « La protection de l'enfant peut aller dans certains pays jusqu'à proscrire toute dissociation de maternité en interdisant les dons d'ovocytes et d'embryons (Allemagne, Autruche, Irlande, Norvège, Suède, Suisse), s'opposant irrémédiablement à ceux qui font primer le droit à l'enfant jusqu'à tolérer la maternité de substitution (Danemark, Pays-Bas, Royaume-Uni). Le droit de l'enfant à connaître ses origines prévaut sur le principe de l'anonymat du tiers donneur de spermatozoïdes en Allemagne, en Autriche, en Suède et en Suisse. Quant à la nature donnée à l'embryon in vitro, le courant de ceux qui acceptent la recherche sur les seuls embryons abandonnés de leur projet parental

[15] Barack Obama, *Les rêves de mon père*, Trad. Danièle Darneau, Paris, Nouveaux Horizons, 2008, pp. 9, 10.

(Espagne, France) est pris entre celui qui considère comme prioritaire l'avancée de la connaissance, autorisant la conception d'embryons pour la recherche (Danemark, Royaume-Uni, Suède et peut-être prochainement Belgique) et celui qui à l'inverse interdit la production d'embryons surnuméraires dans le cadre d'une AMP (Allemagne, Autriche, Irlande). »[16]

Mais il faut reconnaitre tout de même la dimension marginale de leur portée caractérisée, d'une part, par le caractère politique de leurs fondements et les orientations que leur imposent les jeux géopolitiques actuels au sein même des régions qui les abritent, d'autre part. Tout cela pose le problème davantage complexe du droit à ce propos. Peut-on démocratiser la manipulation et l'usage des cellules souches ? Voilà une, parmi les nombreuses questions qui seront sous au menu des débats géopolitiques entre les nations, car nous allons inéluctablement d'une révolution biotechnologique vers un « nouvel ordre » biologique.

L'intervention d'une juridiction internationale dans le domaine de la biologie cellulaire est encore plus complexe que celle dans les affaires politiques, car la « nouveauté » et la vitesse de la question surprennent et surpassent les espaces du droit positif universel relativement à l'éthique des soins et celle des institutions des droits de l'Homme. Ensuite, nonobstant l'existence des comités éthiques[17], l'amateurisme et l'aventure sont au cœur des progrès en ce sens. Mais, en plus, elle engage à la fois le débat éthique sur la légitimité, les limites, les intérêts géopolitiques des uns et des autres et la fameuse question de la santé humaine et de l'amélioration de l'Homme. Cette pluridimensionnalité de la question nécessite-t-elle d'en faire une affaire régionale ou locale, engageant les seuls intérêts limités des États ou une préoccupation universelle qui, éventuellement, rapprocherait les nations ?

En supposant une éventuelle démocratisation de l'usage, quel doit être alors le contenu à donner au terme démocratie dans son rapport à

---

[16] *Concevoir l'embryon*, Paris, Masson, 2000, p. 65.

[17] Des comités éthiques existent certes dans tous les continents, mais leurs coordinations ne sont point significatives. Pour plus d'informations cf. Marie-Pierre Réthy (documentaliste, CHU de Lyon), « Les comités d'éthique en Europe et en Afrique subsaharienne » *in Éthique médicale interculturelle*, (Sous la dir. Nicolas Kopp, Marie-Pierre Réthy, Claudine Brelet et François Chapuis), Paris, L'Harmattan, 2006.

la biotechnologie ? Est-ce qu'il signifiera « la liberté de » ? Est-ce qu'il signifiera un conformisme vis-à-vis de certaines limites éthiques et politiques ? Ceci pour dire qu'en aucun cas, l'équation ne sera point facile. Le terme démocratie s'applique mieux en politique que dans le champ d'une biologie plus assujettie aux jeux de la géopolitique « silencieuse » et « égoïste » de pays qui y trouvent aujourd'hui des intérêts plus que surréalistes.

Le compromis poserait, cependant, moins de problèmes s'il est inscrit dans les cadres de « légitimation » des institutions internationales politiques et économiques « agréées » (ONU, OMS, OTAN...). Car, au cas échéant, les intérêts des plus « forts » guideront et canaliseront les secrets militaires en la matière. Comme toutes les autres grandes questions relatives à l'écologie, à la sécurité, aux flux financiers, etc., prises en charge par celles-ci, les diktats des grandes puissances détentrices de véto primeront. L'humanité ne risquera-t-elle pas de faire l'épreuve des « vetos biotechnologiques » ?

Mais, dans ce cas, il n'y aura aucune différence d'avec les bavures et contradictions engendrées aujourd'hui par les dysfonctionnements et les injustices liés aux chocs économiques et politico-militaires sous les yeux de l'ONU. Autrement dit, les « bavures biologiques » seront justifiées par l'usage du lobbying. Nous assisterons peut-être à des guerres biologiques « règlementaires » au même titre que les « guerres économiques », les « guerres politiques » ou les « guerres pétrolières ». La guerre du Golfe et l'invention américaine en Irak sont de bels exemples de guerres « légitimées ». Cette hypothèse semble inéluctable, car le geste qui aurait dû nous en préserver devrait être la retenue des peuples. Ce qui n'est pas le cas.

Nous n'entendons pas par retenue la suspension ou l'interdiction de la recherche ou de la manipulation des cellules souches, mais, tout au moins, une attitude de concertation et de détermination du cadre d'action d'un tel projet, au-delà du cadre national d'un pays, est plus que nécessaire. Cela permettrait d'éviter la course aux prouesses biologiques à orientation stratégique géopolitique anticipative, géomilitaire et géoéconomique. Il est vrai tout de même que le dernier aspect a été en vogue depuis longtemps, depuis l'avènement de la biologie cellulaire ou moléculaire suite aux théories mécanistes du XVIIe siècle.

Encore faut-il le rappeler les cellules souches sont considérées comme les fondements des « thérapies du futur » et le point de départ de la fameuse question de l'« amélioration de l'Homme ». Il ne s'agit donc pas d'une banale décision. Elle engagerait un changement de paradigme dans les stratégies des nations notamment celle américaine et en même tant chez les grands pays européens si on se permet une conjecture. Les États-Unis passent, à travers le geste de leur président, de la conquête spatiale à une « conquête biologique » ou des cellules souches plus acharnée et pleine d'enjeux variés.

Toutefois, nonobstant les tentatives universalisantes de légitimation de ses grandes politiques à travers les instruments des organisations internationales (ONU, OTAN, etc.), l'Amérique mise sur toutes les stratégies possibles pour préserver son hégémonie. La garantie de légitimation juridico-légale onusienne, entérinée toujours par le biais du fameux véto, a fini d'engager tous les acteurs de ces organisations à supporter la responsabilité des bévues politico-militaires. Mais est-ce qu'il en sera de même pour les dérapages biologiques à venir ? Il est évident que l'Amérique n'est pas la seule grande Nation à briser hasardeusement les chaînes face aux cellules souches embryonnaires humaines, car beaucoup de pays européens, eux aussi, sont déjà dans la course, mais elle en assure incontestablement le magistère. Selon Frédéric Salat-Baroux :

> « La France a été une des premières nations à comprendre l'importance des problèmes de bioéthique. Cela l'a conduite à mettre sur place, dès 1983, le Comité consultatif national d'éthique pour les sciences de la vie et de la santé qui a servi de modèle aux comités qui se sont ensuite créés chez nos principaux voisins. La France s'est aussi dotée d'une législation en cette matière tout à fait exemplaire. Car elle couvre tout le champ de la bioéthique. Parce qu'elle a posé des principes fondamentaux de nature à concilier d'une part les droits des personnes, et d'autre part, la nécessité de ne pas entraver la "révolution biologique" que nous vivons. »[18]

Cependant, la rassurance des partisans du fameux décret d'Obama en question n'est point une garantie maîtrisable ; nous voulons dire la remarque selon laquelle : le financement et les recherches sur les cellules souches doivent se réaliser « *à condition bien entendu que soient maintenues et respectées des recommandations éthiques strictes* »[19]. Nous pouvons ajouter *« en concertation avec les autres*

---

[18] *Les lois de bioéthique*, Paris, Éditions Dalloz, 1998, p. 115.

[19] http : //www.ornl.gov/hgmis.

peuples ». Il s'agit cependant d'un vrai leurre, car, dès l'instant que le feu vert est donné sans maîtrise ou pénalisations au plan universel, les dérives seront probables et reconnues comme telles à l'étape de résultat. La porte à toutes les formes de dérives possibles, impossibles, probables, improbables, imaginables et inimaginables est désormais ouverte avec le signal donné des États-Unis par la voix de son président. On peut admettre en effet avec Emmanuel Hirsch que :

> « Dans ce domaine fécond du progrès, il n'est guère de mois sans qu'une nouvelle performance ne soit carillonnée à travers la planète. [...] À ce propos, certaines études relatives à l'ICSI — technique n'ayant pas suivi les modalités d'une évaluation scientifique avant son application sur l'homme — font apparaître ses conséquences pernicieuses sur la santé de certains enfants. Ce qui revient pour le moins à constater que, malgré de l'intense activité de l'assistance médicale pour la procréation (AMP), nous sommes encore à bien des égards dans le domaine de l'expérimentation (...). Pour l'instant, elle demeure quasiment hors de contrôle. »[20]

On n'est pas en train de survaloriser un peuple à travers sa décision, mais une telle décision n'est pas pour la moins gratuite. Trois bonnes raisons peuvent, entre autres, nous permettre de nous justifier. D'abord, les États-Unis sont une grande puissante et sont placés à la tête de la plus problématique idéologie néolibérale aujourd'hui boostée par une économie impériale. Et, pour la survie de cette hégémonie, les États-Unis sont apparemment prêts à payer un lourd tribut de tout genre. En effet, sous l'ère Bush (Georges W.), l'image du pays de l'oncle Sam s'est beaucoup dégradée à cause des vagues de violence illégales, inouïes et injustifiées aux raisons quasi sectaires, guerrières et mensongères, qui ont touché une bonne partie du monde, notamment chez les pays curieusement désignés comme « l'axe du mal ».

Deuxièmement, nous savons le coût et la force qu'ils sont prêts à mettre pour le compte des recherches militaro-scientifiques y compris, cette fois-ci, celles sur les cellules souches embryonnaires humaines sans que ces objectifs satisfassent seulement des préoccupations liées à la sécurité intérieure et à la criminologie. Troisièmement, on n'a pas besoin d'une analyse profonde pour observer que les États-Unis, par

---

[20] *L'éthique au cœur des soins, un itinéraire philosophique*, Paris, Espace éthique, 2006, pp. 196, 197.

un trafic d'influences et d'alliances, contrôlent les grandes institutions « internationales » (ONU, OMC, OTAN, FMI, Banque Mondiale, UNICEF, etc.) ou, tout au moins, les influencent grâce à l'argent et au véto. Cela peut être dangereux quand il s'agira pour les États-Unis de chercher une légitimité pour installer des conventions et des lois sur les manipulations biologiques nouvelles et à caractère militaire qui dépasseront les « lois » « en vigueur » sur la question. Rappelons que sur le plan de la pollution de la planète, des lois ont été discutées dans le même élan de législation.

Au plan biologique, on a plus de raisons d'avoir des craintes. Contrairement aux catastrophes militaires dont les dégâts collatéraux engagent uniquement et davantage les pays ciblés, les méfaits biotechnologies, plus dangereuses que les armes chimiques, créeront des risques pour toute l'humanité. Ajoutons à cela la course effrénée qui en est naturellement la logique résultante ; une logique aujourd'hui dictée par des utopies où le genre humain perd progressivement sa centralité pour occuper un rang périphérique parmi les merveilleux creusets que la biologie se donne comme objectif d'explorer à volonté.

L'incertitude est plus de mise, car il s'agit non pas de la manipulation d'une machine de guerre, mais plutôt du point le plus sacré du vivant en tant que tel, c'est-à-dire la volonté dominatrice humaine. Le fait s'aggrave aujourd'hui lorsque la logique de « conquête » suit la dictée des stratégies politiques égoïstes et l'accélération complice de la Technoscience. Cela nous conduit à la problématique de la dimension à la fois éthique, juridique et légale de la manipulation, mais spécialement, aussi du foisonnement très complexe de la biologie, de la politique et des stratégies militaires. Cette imbrication forcée par la fougue du capitalisme dominant installe ou installera bientôt les grandes instances unificatrices telles que l'ONU dans des impasses où risqueront de se former d'autres blocs. Dans ce cadre, le terme *déconnection*, théorisée par Samir Amin, aura peut être comme sens radical la création de « l'ONU » des pays émergents, des pays pauvres, défavorisés et ceux du tiers et quart monde. La biologie sera ou est déjà en perspective au cœur des rapports entre les nations.

De la façon dont on avait brandi la fameuse et éventuelle question du droit à la possibilité de polluer concernant le débat écologique sur la protection de la couche d'ozone, pourrait-on de la même façon prétendre à une éventuelle possibilité de droit de « manipulation » des cellules souches et autres corps complexes qui en seront dérivés accordée à un pays tel ou à un autre ? Et si oui, jusqu'à quels degré ou pourcentage serait la permissivité ? Ainsi, comment les pays, particulièrement ceux appelés « grandes puissances », détermineront-ils leurs limites et le domaine d'usage des cellules souches ? Est-ce que leurs « vétos » onusiens compteront une voix de plus contrairement aux pays africains et autres « banlieusards » de la planète ?

De toute façon, ce sont des problèmes qui se poseront avec acuité à notre humanité parce qu'ils ont déjà une envergure nationale « camouflée », sous-régionale, et bientôt universelle. Par ailleurs, nous savons que les grandes questions mettant face à face les nations, que ce soit dans le domaine de l'économie ou celui de la politique, se règlent généralement par référence à des « principes démocratiques » ; sera-t-il le cas pour la manipulation des cellules souches ?

L'autre hypothèse que nous devons penser est l'éthique dont s'inspirera une éventuelle « juridiction » qui tentera de réglementer l'usage des cellules souches non pas au plan national ou régional — puisque ça « existe » déjà dans certains pays —, mais plutôt au niveau universel. Le problème sera sensible, car il n'existe pas aujourd'hui de système éthique universel. Sur le plan du « droit positif », cela semble être un acquis avec le coup de pouce des grandes institutions telles que l'ONU, la CPI ou encore l'OMS. L'éthique, elle, étant plus intimement liée à la morale en termes de bien et de mal, elle contraste aujourd'hui avec deux facteurs : l'un historique et l'autre conséquent à la mondialisation. Il s'agit, d'une part, des différences souvent énormes entre les peuples, dans leurs façons de définir et de délimiter l'éthique et la tendance de sécularisation et de laïcisation qui promeuvent un nouveau type d'homme qui ne donne du crédit qu'à sa liberté strictement individuelle. Pour ce genre d'individu, la gestion éthique du *biologique* n'est pas forcément l'affaire d'une communauté éthique, mais relève plutôt des choix de l'individu. En guise d'illustration, c'est presque une règle « universellement » reconnue, chez l'individu, de faire usage de son corps comme bon lui semble. Beaucoup de choses le prouvent telles que les dons d'organes, *l'imasculinité* ou *l'iféminité* volontaires, l'homosexualité, etc.

Dans le cadre de la justice pénale internationale, le refus d'un État aussi influent qu'Israël, par exemple, d'être membre de la CPI, pose un gros problème. Tout ce que la *Cour Pénal Internationale* juge inacceptable au regard de la dignité humaine n'engage en rien ce pays à la croisée de toutes les crises du Moyen-Orient. Pour un équilibrage utile du droit international, l'ONU gagnerait à inventer de nouvelles clauses d'éthiques transversales et inclusives. S'agira-t-il alors d'une éthique religieuse ou d'une éthique laïque ? Il convient, dans cette logique, de rappeler que tout acte de droit s'inspire d'abord d'une valeur avant d'être une pratique. De plus, l'unification des peuples doit passer par l'ouverture et l'écoute vis-à-vis des champs de croyances. Là aussi, le problème reste global, car nous savons, parmi les questions d'éthique, que celle du vivant reste ancrée dans la parfaite sensibilité des espaces de croyances des uns et des autres. Tout extrémisme doit être banni au concert des nations. Le véto est une forme d'extrémisme !

À des échelles différentes, les religions sanctifient le Vivant et ne sauraient le réduire à un banal objet. Si l'on prend l'exemple de l'Islam ou du christianisme, le vivant, en général, est sacré a fortiori. L'Homme qui occupe, en ce sens, une sacralité double en tant qu'élément du vivant et vicaire de Dieu sur terre, se trouve être le point le plus sensible de la Création par rapport à laquelle il demeure un élément. Il n'a pas tous les droits sur la Création donc pas plus qu'il en a sur son propre corps.

L'Organisation Islamique pour l'Éducation, les Sciences et la Culture (ISESCO) clame déjà son souci :

> « Il est nécessaire d'établir des principes de biosécurité qui soient transparents, pratiques et scientifiques et de mettre en place des normes de biosécurité. Il faut également concevoir les tests nécessaires ainsi que des mécanismes de contrôle et de certification adéquats. Pour maîtriser les questions éthiques, juridiques, sociales et économiques relatives à la recherche en biotechnologie, il faut améliorer et développer à l'échelle régionale les politiques de contrôle et d'identification des aliments génétiquement modifiés. »[21]

La question du Vivant, dans les approches théologiques des religions monothéistes, ne s'inscrit pas dans une dualité corps/âme ou corps/esprit. Il est plutôt question d'une fusion entre la matière (corps) et le divin (âme ou esprit). Le dernier élément bonifie le premier. Le

---

[21] *Stratégie pour le développement de la biotechnologie dans le monde islamique*, Organisation Islamique pour l'Education, les Sciences et la Culture (ISESCO), p. 18.

corps est sacré, car il est la fusion avec le spirituel. Il n'est pas seulement de la matière. Le Vivant est dans le même ordre.

Mais la question difficile à laquelle toutes les religions monothéistes ont apporté une réponse dogmatique c'est : quand est-ce que l'Être en gestation (fœtus, s'agissant de l'homme) ou le vivant a une âme ? Pour l'Islam, nonobstant les multiples discussions sur des questions aussi complexes autour de l'âme, la valeur humaine sacrée se trouve avant, durant et après la vie de l'individu. L'idée de fusion bonifiant entre le corps et l'âme est soulignée par le savant musulman Ibn Qayyem Al-Jawziyah :

> « C'est une substance différente du corps, c'est-à-dire une substance lumineuse, supérieure, légère, vivante et mobile qui pénètre au sein des membres tels l'eau dans la rose, la graisse dans l'huile ou le feu dans le charbon. Tant que les membres sont aptes à recevoir les traces de cette substance subtile, tant que cette dernière colle aux membres en créant la sensation et les mouvements volontaires. Lorsque ces membres sont gâtés par la dominance de ces Humeurs épaisses, alors ils seront inaptes à recevoir ces traces et l'âme se sépare du corps pour rejoindre le monde des âmes. Telle est l'opinion correcte appuyée par le Livre et les traditions et toutes les autres sont à rejeter. »[22]

Quant au christianisme, Catherine Perrotin[23]montre la position de l'Église à travers les positions historiques :

> « Nous pouvons noter aussi qu'à partir de convictions léguées historiquement par la tradition théologique, il y a eu un débat entretenu autour de l'animation de l'embryon, avec une opposition dans la tradition de l'église entre ceux (tel Grégoire de Nysse) qui étaient partisans d'une animation immédiate de l'embryon dès la conception et ceux (comme Saint Thomas d'Aquin) qui ont pris option pour penser une animation différée (la présence de l'âme arrive à 40 jours chez les garçons et à 80 jours chez les filles). À la suite d'Aristote. […] La position de Saint Thomas d'Aquin n'est pas celle retenue par le Magistère catholique contemporain. »[24]

---

[22] *Traité de l'âme (kitâb ar-ruh)*, Trad. Fawzi Ali Mohammad, Beyrouth-Liban : Dar Al-Kotob Al-Ilmiyah, 2e edition, 2007, p. 147.

[23] Catherine Perrotin est Docteure en philosophie et Directrice du Centre de Bioéthique de l'Université catholique de Lyon.

[24] Association Médicale Bahà'ie, *Embryon qui es-tu ?*, sous la présidence du Pr J-Y. Gillet, Paris, L'Harmattan, 2001, p. 74.

En se basant sur les deux textes de références les plus solides aux yeux de l'Église à savoir *Donum Vitae* (*le don de la vie*)[25] publié en 1987 et *Evangeluim Vitae* (l'évangile de la vie)[26] publié en 1994, le vivant est sacré et son respect demeure fondamental. Les religions monothéistes s'accordent sur ce point sans tenir le même point de vue sur le début de l'infusion de l'âme. Dans le *Donum Vitae*, on peut lire :

> « [...] le fruit de la génération humaine dès la constitution du zygote exige le respect inconditionnel dû à l'être humain dans sa totalité corporelle et spirituelle. L'être humain doit être respecté et traité comme une personne dès sa conception. »

En effet, la seule logique qui, semble-t-il, pourrait sauver le débat sur le fondement juridique serait de se mettre sous la bannière des institutions internationales et avec la caution d'une laïcisation totale de la recherche en question. Mais, compte tenu des résultats satisfaisants, en termes de conscientisation et d'information, provenant des luttes des « classes » altermondialistes, des comités d'éthique religieux et scientifiques autonomes et des individualités amarrées par leurs postures de membres d'une humanité moralement menacée, la stratégie des « institutions internationales » doit être concordante au risque de devenir caduque. Pour juguler les velléités des peuples d'aller vers des chocs biologiques ou des syndromes bactériologiques, les institutions internationales doivent d'une part donner du crédit et un appui aux comités éthiques locaux et repenser, voire réformer la « laïcisation du droit international ».

Nous osons alors, comme tout observateur inquiet, décrier la nouvelle option de subvention des recherches sur les cellules souches embryonnaires qui du reste n'est qu'une autre modalité de fixation de

---

[25] *Donum Vitae* est l'instruction romaine de la Congrégation pour la doctrine de la foi sur « Le respect de la vie humaine naissante et la dignité de la procréation[1]». Par là, elle donne l'avis de l'Église sur les méthodes de procréation artificielle. Elle a été écrite par le Cardinal Joseph Ratzinger et son secrétaire Alberto Bovone et approuvée par le Pape Jean-Paul II le 22 février 1987. C'est un document fondamental pour l'éthique de l'Église catholique romaine de l'assistance médicale à la procréation. Source : https://fr.wikipedia.org/wiki/Donum_Vitae.

[26] Evangelium vitæ est une lettre encyclique de Jean-Paul II « *sur la valeur et l'inviolabilité de la vie humaine* », publiée le 25 mars 1995. Son titre signifie « l'Évangile de la Vie » ; il est formé des mots qui ouvrent le document dans sa version officielle, en latin.

l'hégémonie en perspective. La déclaration du président des États-Unis n'est point l'aveu d'un simple encouragement des recherches scientifiques en question. Pour qui comprend les enjeux actuels que mettent en œuvre les biotechnologies, particulièrement la biologie moléculaire, une telle décision est très révélatrice. Beaucoup de recherches sont en cours, mais des recherches qui ne visent pas seulement à développer la biologie au profit du confort de l'Homme, c'est-à-dire du développement d'une médecine de pointe ou d'une amélioration toute courte de l'espérance de vie.

I.3. DES NAVETTES SPATIALES AUX LABORATOIRES

> « Autour du soleil, il n'y a pas de planète de rechange. Les éventuelles planètes autour d'autres étoiles sont si éloignées qu'à vue d'homme il est exclu d'espérer les visiter : la prochaine étoile, Proxima du centaure, est à 4,3 années-lumière, soit 43 000 milliards de kilomètres. Même en disposant d'une source d'énergie permettant d'atteindre le dixième de la vitesse de la lumière, l'aller et retour durerait près d'un siècle. Quelques hommes pourront non conquérir, mais explorer l'espace. L'humanité restera sur la terre. Le "pas en avant" accompli le 20 juillet 1969 est en réalité un pas vers une meilleure compréhension de la condition humaine : nous sommes pour longtemps, et sans doute définitivement, assignés à résidence sur notre planète. Le cadeau le plus riche apporté par Armstrong et Aldrin de la mer de la Tranquillité n'est pas un échantillon du sol lunaire ; c'est la photographie de notre Terre vue au loin, la si belle petite planète bleue. Elle est bleue, elle est belle, surtout elle est petite. Et nous ne la quitterons pas. Toute une vision de notre destin en est bouleversée. »[27]

Après presque 30 ans de monopole et de suprématie dans la « maîtrise » de l'espace, la guerre pour la maîtrise de l'espace avait fait rage entre les États-Unis et l'Union soviétique. Puis les Chinois et les Japonais, eux aussi, s'intéresseront à cette aventure pleine d'enjeux. Les Soviétiques — ancienne première puissance mondiale — dominaient la bataille pour la conquête de l'espace. Youri Gagarine en 1961 est le premier homme russe lancé dans l'espace, laïcat le premier chien que les Russes ont amené au bord du moteur volant ; ils étaient les vainqueurs jusqu'au 16 juillet 1969, date à laquelle, les

[27] Albert Jacquard, *Voici le temps du monde fini*, Paris, Éditions du Seuil, 1991, pp. 8,9.

Américains, grâce à l'engin « saturne 5 », séduiront la face du monde avec la mission Apollo 11 qui va « réussir à se poser sur la lune » (son poids était, a en croire certains experts, l'équivalent de celui de 135 chevaux). Jonh Gleen sera le premier américain lancé dans l'espace.

En guise de bilan, avant de parler réellement du « glissement stratégique » vers la Biotechnologie, il y a eu, en comptant du début de la course pour l'exploration spatiale à nos jours, deux grands mouvements d'« initiatives stratégiques d'envergures » d'États en ce sens. Premièrement, c'est la lutte pour l'accès hasardeux[28] et impérial aux autres galaxies non sans objectifs bien sûr, car rien que la mise en orbite de satellites ou d'engins constituait à la fois un exploit et un aveu de domination.

Pour la première phase, purement de conquête, Albert Jacquard souligna en ces termes, l'enthousiasme suscité à travers les coins du monde :

> « Le 20 juillet 1969, des centaines de millions d'hommes assistèrent aux premiers pas d'un homme sur un astre qui n'est pas le nôtre. Au-delà des mots un peu trop préparés de Neil Armstrong, tous comprenaient que cet évènement était "un grand pas pour l'humanité". L'homme venait de se libérer d'une nouvelle contrainte naturelle. L'enthousiasme était absolu. Après avoir vaincu tant de maladies, défié la pesanteur, pénétré les secrets des atomes et des galaxies, nous avions pour la première fois quitté la planète où nous sommes nés. La conquête de l'espace commençait. »[29]

On se rappelle tout le tôlé que l'exploration de la lune — par le groupe d'Armstrong — a soulevé depuis l'après-Deuxième Guerre mondiale. Nonobstant les nombreux rejets de l'authenticité d'une telle thèse, les États-Unis ont réussi pour le moins à montrer à la face du monde et surtout à la conscience soviétique leurs forces et stratégies dissuasives. Dans les tensions géopolitiques de l'après-Deuxième Guerre mondiale, l'arme redoutable de la conquête spatiale avait fait

[28] Le mot n'est pas trop fort. Nous voulons mettre en relief les dimensions d' « aventure » et d' « incertitude » qui ont fondé les premiers pas des premiers explorateurs du monde spatial. Des mesures, des probabilités et des calculs scientifiques ont certes préalablement éclairé les missions spatiales, mais la marge d'incertitude immense retenait les souffles. On n'était sûr de rien.

[29] Ibid., p. 7.

rage avec toutes les démonstrations impressionnantes sur les chaînes de télévision, qu'il s'agisse du camp américain ou soviétique. Souvent fondée sur des mensonges surmédiatisés et rejetés à la suite par les mêmes experts de la NASA, plus tard, l'« évidente » exploration de la lune et des autres galaxies n'est plus à l'ordre du jour. La plus banale preuve de ce changement reste la diminution des financements concernant la conquête spatiale et, si on se permet le parallélisme, la subvention des recherches sur les cellules souches.

Après la bataille des Neil Armstrong et la « victoire dissuasive envisagée » de l'Amérique, la querelle spatiale n'a pas été immédiatement révolue et démodée. Et ça ne l'est pas pour le moins aujourd'hui. La seconde étape, plus scientifique qu'idéologique, va faciliter la course à la maîtrise des NTIC et des télécommunications d'envergure. Mais le tout est au service de l'idéologie capitaliste. La troisième étape de la conquête spatiale est justement le nouveau paradigme que décrivons : le glissement de la conquête spatiale à celle biologique. Par glissement, on ne doit point comprendre l'abandon de la première au profit de la seconde, mais une simple question de priorisation sur les investissements. De toute façon, pour caricaturer, on peut considérer que la conquête spatiale occupe la troisième place, aujourd'hui, après les stratégies militaires et la tout actuelle conquête biologique. Après et à côté des conquêtes des galaxies et des armements atomiques puis nucléaires, la course vers les prouesses de la biotechnologie s'annonce et fait rage aujourd'hui.

Jusqu'à un passé récent (les années 60-80), l'exploration et la course spatiales faisaient rage sur le plan des communications. Ce phénomène faisait parler de « la guerre de l'information et des images ». D'autres le qualifiaient de « guerre de l'espace » entre les prétendues grandes puissances, qui prendra « fin » avec l'écroulement du Mur de Berlin en 1989. Nous sommes en pleine « guerre froide » pour certains et pour d'autres, « guerre chaude », car les opérations de charmes, mal cachées, derrière les ambitions démesurées de conquête spatiale en disaient beaucoup. Le principe géopolitico-stratégique qui gouvernait les esprits des « prétendants maîtres du monde » était simple : qui détient les espaces de communication tient le monde. L'enjeu dépassait donc la simple aventure de découverte des autres galaxies. C'était des impulsions de vouloir fonder l'avenir sur des utopies immenses.

Le deuxième mouvement a été moins explorateur que le premier, car il y a eu déjà un acquis de taille : l'« accès » à la lune ; nonobstant les controverses apportées aujourd'hui par d'anciens membres, même de la NASA, il fallait alors s'imposer sur le plan des communications, des NTIC, des téléguidages militaires, etc. La fraction numérique s'imposa avec évidence entre les nations. Et nous demeurons toujours dans cette deuxième réalité géostratégique avec une allure aujourd'hui très impressionnante, particulièrement avec les TIC. Mais, cette deuxième phase est en passe d'être révolue avec la ruée vers les prouesses des biotechniques et biomédecines.

Ce dernier mouvement ne se réalise pas au sens de rupture avec les TIC, mais plutôt, aux moyens de communications ultra-performantes au service de l'armée s'ajoute la réappropriation de presque toutes les dernières découvertes scientifiques — particulièrement biologiques — décisives. Cela fait de l'armée le corps le mieux informé sur les profils biologiques des sociétés. D'où la crainte de transformation de celle-ci en une communauté scientifique et, de surcroit, la mieux armée. Le rôle et la place de l'armée seront plus que déterminants et décisifs dans les décennies à venir.

L'armée risque non seulement de devenir un cinquième pouvoir — si elle ne l'est pas déjà — après l'exécutif, le législatif, le judiciaire et les médias, mais, en plus, elle va affecter l'exécutif au poste d'auxiliaire de son propre système. Serge Latouche avertissait déjà en 1989 :

> « Dans ce monde en peau de léopard, le politique s'estompe, l'administration, la bureaucratisation se renforcement, les appareils de police s'autonomisent pour gérer des contraintes dépersonnalisées. Les États-nations, même les plus grands et les plus forts, ne décident plus que d'exécuter, comme naguère les sous-préfets de provinces, avec une omnipuissance dérisoire, des décrets pris ailleurs et nulle part. »[30]

Mais, après une conquête « assurée » et quasi « réussie » de la « domestication » des espaces de communication — par voix satellitaire — et à un niveau réduit de la manipulation des engins de communication (ordinateurs, portables, etc.), la mondialisation a fini d'assurer « l'hégémonisme communicationnel » à l'idéologie capitaliste libérale dominatrice. De ce fait, une telle conviction sur la

[30] *L'occidentalisation du monde*, Paris, La Découverte, 1989, p. 109.

« conquête spatiale » semble aujourd'hui perdre progressivement l'effervescence et la rassurance qu'elle suscitait, car cela ne suffit plus, aujourd'hui, pour maintenir et nourrir le feu de l'hégémonisme face aux merveilles galopantes des Technosciences.

Notre propos n'est pas d'affirmer la « fin » de la conquête spatiale, mais on peut tout de même admettre ou, tout au moins, envisager son caractère secondaire dans les grands financements des projets stratégiques par les « méga-États » tels que les États-Unis et le Japon. Elle doit désormais se tourner vers les ambitions supra-humaines des biotechnologies. La lune et les autres galaxies sont toujours des objets prisés, mais dans une visée purement exploratrice comme la première ; seulement, cette fois-ci, on est à la recherche de l'espèce intermédiaire (les extraterrestres) et de la puce de l'immortalité. Toutes les fantaisies s'aiguisent grâce à des flots d'argent venant de promoteurs et d'aventuriers furieux.

I.4. DES ROBOTS SPATIAUX AUX ROBOTS « BIOLOGIQUES »

À partir des années 90 ou une décennie avant, les découvertes en génétiques autour de l'ADN ont certes été impressionnantes et ont beaucoup aidé en criminologie — particulièrement avec l'exemple du FBI et d'autres services de sécurité qui en font matière —, mais il faudra penser jusqu'à quel degré une police ou un « service de sécurité » peut constituer le « bras scientifique armé » d'États impériaux et d'idéologies a en assurant le monopole. La NAZA[31] espère un jour l'avènement de « robots intelligents » pour coloniser de nouvelles galaxies, mais ce projet, comme par ailleurs l'exemple du FBI, ne serait-il pas probablement retourné un jour contre les hommes ? Ainsi, à côté du rôle déterminant de l'ADN en criminologie, lesdites institutions font rebondir incessamment dans leur vocabulaire deux termes qui sont au cœur de leur projet biotechnologique : les robots et les extra-terrestres. Le premier marque le symbole de la technologie de pointe, tandis que le deuxième nourrit les fantasmes les plus fous de la découverte scientifique.

Les robots ne seront-ils pas réellement nos prochains voisins « tant attendus » : des sortes d'extra-terrestres fabriqués ? s'interrogent déjà

[31] La NAZA est créée le 29 juillet 1958 pour polariser les efforts et projets américains dans le contexte de la guerre des étoiles face à l'Union soviétique.

des scientifiques. Ils bâtiront les maisons pour les hommes et fournirons des tâches impossibles, de l'avis d'autres aventuriers ! Mais nous espérons qu'ils s'en limiteront à ces seules tâches ! Les prouesses humaines qui ont maquillé la conquête spatiale auront révélé l'un des génies humains qui ne cessent de marquer l'histoire des sciences sans manquer de susciter le soupçon : la création et l'amélioration impressionnante des robots. L'univers des robots a toujours été un creuset des ambitions démesurées de l'Homme.

Les robots spatiaux, les fusées — premiers moteurs volants — et les satellites notamment, avaient pour rôle fondamental d'auxiliaire pour assumer des missions qui dépassaient largement les aptitudes humaines. En 1963, le premier robot spatial « Surveilleur 3 » assurait le rôle de surveillance au niveau de la « galaxie Mars ». Puis, bien plus tard, en 1997, le robot Rocky 7 le remplace dans l'inspection de la planète Mars, mais avec un rôle plus accru de « cerveau informatique » amélioré.

L'histoire des robots en dit largement ainsi sur les objectifs fantastiques de leur création. En partant du noble but de mise en contribution efficace de l'intelligence humaine en vue d'inventer une machine susceptible de « suppléer » l'Homme dans certaines tâches pour un mieux-être sur notre planète, les projets techniques et scientifiques sur l'amélioration des robots amènent paradoxalement ces « outils-machines » ou « intelligence-mécaniques » à occuper de façon prospective le privilège de ne plus demeurer de simples outils aidant au confort de l'Homme par le jeu de la médiation et par l'assimilation des mécanismes complexes du mouvement. Mais les robots devront bientôt assurer le statut de « nouvelles humanités », susceptibles de coloniser même leur maître : l'Homme. Une telle idée est depuis longtemps dans l'esprit de certains scientifiques « aventuriers » et adeptes inconditionnels du « monde des robots intelligents ».

La colonisation de notre monde par celui des robots se fait aussi d'une autre manière : la réalisation de « l'homme-robot ». Il y a des scientifiques qui pensent que les fonctions motrices assurées naturellement par nos organes peuvent être améliorées, voire révolutionnées dans un processus de remplacement de ces organes par des instruments, robotiques. Le cybernéticien Kevin Warwick[32] fait

[32] Kevin Warwick est né le 9 février 1954 à Coventry en Angleterre. Scientifique britannique et professeur de cybernétique à l'Université de Reading, au

partie de ces derniers. Leur idée fondamentale consiste à penser la possibilité, dans un futur proche, de créer chez l'Homme une vingtaine de sens, au-delà des six connus, grâce à l'implantation de puces électroniques dans le corps et le remplacement des organes. Kevin est le premier à expérimenter son corps en se faisant implanter des puces dans les bras et dans l'estomac. Son rêve, comme ses pairs, est d'arriver un jour à se débarrasser complètement du corps humain, car celui-ci sera remplacé progressivement par des engins robotiques microscopiques et ultraperformants.

Des robots spatiaux, on est passé aux robots industriels (dans la macro et la micro industrie) puis, aujourd'hui, aux robots militaires et biologiques. Les robots industriels, moins agressifs, du moins comparé au robot militaire, fortifient la société de consommation tandis qu'aujourd'hui les robots militaires, avec la science-fiction dominée par l'utopie du super-homme ou du surhomme, et la biotechnologie seront, dans de futures guerres postmodernes, au centre des stratégies. Selon certaines prévisions, lesdites guerres devront être faites par des clones, des robots et/ou des extra-terrestres (?) ; la science actuelle sur les robots révèle déjà des mises en œuvre de robots-espions qui peuvent voler le territoire ennemi pour éliminer des cibles précises, d'où le problème de la maîtrise de la sécurité territoriale des nations.

À cela s'ajoute la mise en œuvre de techniques pour rendre les « organes » ou « pièces » des robots plus semblables, par l'apparence et par les fonctions motrices, à ceux des hommes : une sorte de « socialisation » future des robots est mise en œuvre. Le projet de perfectionnement « social » des robots devient ainsi, au-delà de l'aspect industriel, concurrentiel et isolé, un point central des stratégies scientifiques et militaires. La pensée scientifique « robotique » postmoderne dépasse progressivement l'idée de remplacement de l'Homme par les robots ; elle cherche un moyen terme, un juste milieu pour les mettre dans une « auto-inclusion » où le robot, au lieu d'être un simple produit de bricolage, va plutôt être socialement et « biologiquement » en relation avec l'Homme. Mieux,

Royaume-Uni, il est probablement le plus connu pour ses études sur les interfaces directes entre les systèmes informatiques et le système nerveux humain. Il a fait beaucoup de recherche dans le domaine de la robotique et a fait la promesse de créer une puce permettant à deux êtres humains de parler par télépathie pour 2015.

il doit dépasser ce dernier pour constituer une « humanité nouvelle », d'où la cristallisation de tous les phantasmes autour de « l'intelligence artificielle ».

> « On pourrait remonter aux spéculations du père fondateur lui-même, le mathématicien et logicien britannique Alan Turing, qui rêva d'une machine qui pût non seulement imiter les calculs effectués par le cerveau humain, mais apprendre, et bientôt ainsi dépasser ses capacités. [...] L'expérimentateur utilisant son intelligence pour concevoir ces machines devrait être en mesure d'accélérer leur construction. Le rêve de Turing s'affirme à mi-mots : une machine qui aurait pour modèle l'intelligence humaine, mais qui disposerait de son autonomie, et qui aurait peut être pour finir la possibilité de surpasser et de supplanter son modèle humain. »[33]

Ils seront peut-être nommés les « enfants techniques ou virtuels » de celui-ci. Déjà, les prouesses, à ce niveau, consacrent l'avènement de robots avec des « muscles » aux fonctions motrices quasi similaires à celles de l'Homme. Cela existe déjà. Le rêve scientifique dépasse à cet égard toute proportion éthique, du respect à la sacralité de la famille et de ses fonctions traditionnelles aux structures connues de la psychologie humaine. Un certain nombre de scientifiques n'hésitent plus à déclarer, à travers des ondes de radios ou sur des plateaux de télévision, une fusion prochaine des robots en question dans les schémas biologiques et généalogiques des familles humaines. D'aucuns voient les robots comme les prochains et éventuels « enfants culturellement inventés » et dont le lien biologique doit se traduire bientôt grâce à des couplages techniques, tandis qu'un autre groupe restreint envisage l'idée qu'ils « pourront être nos héritiers un jour ».

De l'avis de beaucoup d'adeptes du couplage des robots améliorés avec les prouesses biotechnologiques, cette hypothèse est plus que proche de sa réalisation. Les robots aux formes d'humanoïdes en disent largement. Ils « ressemblent » presque à l'identique à leur

[33] Dominique Lecourt, *Humain post humain*, op. , cit., pp. 57, 58.

À propos d'Alan Turing se référer à ses livres fondamentaux *Collected Works of A. Turing* (3 vol. parus, Pure Mathematics, Mechanical Intelligence, Morphogenesis), Londres/North-Holland, 1992 & A. Hodges, A. Turing, *The Enigma of Intelligences*, Londres, Burnett Books limited, 1983.

sosie[34]. Ensuite, les nanosciences et nanotechnologies[35] permettent en ce sens d'espérer entreprendre la transposition du contenu du cerveau (informations, codes, réflexes, etc.) dans des « organes synthétiques » microscopiques puis « transférés » aux robots. Tout cela pour ressembler autant que possible à son sosie.

Pour la plupart, ces robots sont créés pour ressembler à l'« identique » à leurs concepteurs, leurs sosies. Comprenez alors qu'au-delà de leurs apparences, ces robots bénéficient d'une « intelligence » améliorée et améliorable « à l'infini ». Il s'agit, dans un futur proche, de « donner au robot toutes les facultés humaines » et leur faire jouer des rôles sentimentaux et familiaux jusque-là inaccessibles ; les robots anéroïdes imitent incroyablement

---

[34] cf. Morgan Freeman /Émission : Voyage dans l'espace-temps, Discovery science/CANAL/15h44 GMT.

[35] *Les* ***nanosciences*** *et* ***nanotechnologies*** *(d'après le grec νάνος* ***nain****) peuvent être définies a minima comme l'ensemble des études et des procédés de fabrication et de manipulation de structures (électroniques, chimiques, etc.), de dispositifs et de systèmes matériels à l'échelle du nanomètre (nm). Dans ce contexte, les* ***nanosciences*** *sont l'étude des phénomènes et de la manipulation de la matière aux échelles atomique, moléculaire et macromoléculaire, où les propriétés diffèrent sensiblement de celles qui prévalent à une plus grande échelle. Les* ***nanotechnologies****, quant à elles, concernent la conception, la caractérisation, la production et l'application de structures, dispositifs et systèmes par le contrôle de la forme et de la taille à une échelle nanométrique. [...] Les nanotechnologies bénéficient de plusieurs milliards de dollars en recherche et développement. L'Europe a accordé 1,3 milliard d'euros pendant la période 2002-2006. Certains organismes prétendent que le marché mondial annuel sera de l'ordre de 1 000 milliards de dollars américains dès 2015. "[...] Dans son discours donné le 29 décembre 1959 à la Société américaine de physique, Richard Feynman évoque un domaine de recherche possible alors inexploré : l'infiniment petit; Feynman envisage un aspect de la physique "dans lequel peu de choses ont été faites, et dans lequel beaucoup reste à faire"[10]. Se fondant sur la taille minuscule des atomes, il considère comme possible d'écrire de grandes quantités d'informations sur de très petites surfaces : "Pourquoi ne pourrions-nous pas écrire l'intégralité de l'Encyclopædia Britannica sur une tête d'épingle ?"[11]. Une affirmation qui n'avait pas été spécifiquement relevée, et qui est aujourd'hui abondamment citée (de fait, ce qui à l'époque était infaisable, semble aujourd'hui parfaitement réalisable, grâce aux progrès en micro-technologies). Feynman veut aller au-delà des machines macroscopiques avec lesquelles nous vivons : il imagine un monde où les atomes seraient manipulés un par un et agencés en structures cohérentes de très petite taille. Réf.* ***« Nanotechnologie »,*** article de Wikipédia /l'encyclopédie libre.

aujourd'hui des gestes humains grâce à des techniques électroniques, biologiques et informatiques cumulées. Pourquoi ne pas se faire représenter à des réunions par son robot humanoïde ou dans un cours concernant les professeurs ! Cette expérience est tentée dans quelques coins du monde. Le rêve nourri avec les robots humanoïdes et andronoïdes est davantage rendu complexe par l'attente de « l'apparition des extra-terrestres ». Nous nous posons la question : est-ce que les extra-terrestres ne sont pas ce que les hommes feront demain de leurs robots ?

Le terme extra-terrestre en soi est une coquille vide qui désigne une créature autre (?), innommable et extra-monde, donc à déterminer. Il n'est pas intra-terrestre. Sans signifier quelque chose, on crée leur existence dans « l'imaginaire scientifique » plus qu'on envisage leur découverte. Il n'a pas de forme apriorique puisqu'on l'inscrit dans le paranormal ; il n'est identifiable que par rapport à l'imaginaire scientifique dominant qui n'en donne pas d'ailleurs une idée claire. Et, par rapport à l'imagination individuelle de toute personne qui voudrait croire en leur existence, on s'en fait juste une image fantasmagorique. Voilà pourquoi, il ne s'agit réellement pas donc que d'une supposition, mais bien d'un être à venir auquel « l'imagination scientifique fantasmagorique » donnera forcément une forme, une condition et un destin. Les extraterrestres ne sont point des êtres à découvrir, mais plutôt des monstruosités à inventer.

La Science est en train de préparer la réalisation d'un tel rêve par les couplages des prouesses biotechnologiques avec l'amélioration folle des robots qui vont donner les extraterrestres. Ceux-ci avec les nouvelles propensions des techno-sciences se donnent moins pour des êtres à découvrir que des êtres à inventer grâce au mutualisme scientifique en cours. Déjà, on veut nous faire avaler l'idée qu'ils sont d'une intelligence supérieure, comparés aux humains. Encore une fois, ne nous est-il pas permis de penser que les extra-terrestres ne seront que les robots performants ou les clones « créés » par l'Homme, au regard des prérogatives démesurées que l'on veuille assigner aux « robots biologiques » ? L'extra-terrestre sera le fruit de la manipulation des « êtres » biologiques, microbiennes, robotiques et techniques. L'avenir des « machines-biologiques » ou des machines à « organes biologiques » semble nous mettre dans le questionnement sur les « prophétismes scientifiques ».

En ce sens, l'usage de la supposition sur l'existence d'extra-terrestre s'avère hypothétiquement tentant ; il va de toute façon nourrir encore nos fantasmes d'aller au-delà de ce que nous sommes. Sous un angle plus approfondi, le terme extra-terrestre peut servir éventuellement de « port-noms » aux monstruosités auxquelles nous préparent les biotechnologies et pour lesquelles la production cinématographie est devenue une excellente école des utopies en ce sens. Dans cette perspective, nous trouvons toute la légitimité de poser la question des rapports entre les robots, les clones et les extra-terrestres dans un avenir proche (!?).

De nouvelles données bioéthiques s'imposent alors à la société postmoderne, créant ainsi un « glissement d'intérêt » ou un changement dans la priorité des stratégies à la fois politiques, militaires et scientifiques des pays. Le changement de paradigme est dicté par les fameuses prouesses des Biologies, notamment celle moléculaire. Le glissement se traduit par le mouvement qui conduit par exemple, au sein des États « forts », à une mutation de fonds d'aide publique, destinés auparavant aux conquérants dans tous les domaines de la recherche, notamment celui de « la conquête de l'espace » et des projets nucléaires, à ceux des nouveaux génies de « laboratoires ». Il y a de plus en plus une centralité accrue des financements dans la recherche en la matière. Aux explorateurs et conquérants des biotechnologies, les États décernent aujourd'hui les plus prestigieux lauréats. Cela ouvre une ère non pas nouvelle, mais actuelle. Pour les États-Unis, de Nixon, passant par Bill Clinton au président Obama, les prouesses biotechnologiques ont toujours été fêtées et accompagnées avec un intérêt et un air de victoire inouï.

Les extra-terrestres seront plus un dérivé de manipulations nano-technologiques et bactériologiques que biologiques. Entre l'Homme, le robot et les extra-terrestres, le champ d'exploration est immense grâce aux manipulations en cours, mais l'esprit technoscientifique dominant tend plus vers une fusion, une symbiose où naîtra une espèce supra-mortelle. Ce qui doit davantage nous en persuader, au-delà de la transformation des robots que nous avons expliquée, c'est l'intervention plus que probable de robots pour remplacer les fonctions d'organes humains gâtés. Cette expérience est utilisée avec la maladie de Parkinson. Selon Robert Heurt[36] (Caltech), il sera

[36] Réf. Tv 2sTv/documentaire, les prouesses scientifiques/21/12/2013 / 10h GMT.

possible bientôt de télécharger les connaissances contenues dans le cerveau dans des supports microscopiques ; ceux-ci pourront remplacer les neurones, d'où l'enjeu fondamental des nanotechnologies.

Plutard, les maladies pourront être éradiquées grâce à l'intervention de robots transplantés dans le corps humain. Ainsi, le cœur pourra être remplacé dans son activité vitale et de façon continue. De l'avis de Heurt, la Biologie risque bientôt d'être dépassée dans la résolution des problèmes de santé. Il s'agira de « robotiser » l'Homme. Voilà une raison « solide » qui pousse singulièrement les gouvernants et les sectes adeptes de « l'immortalité » à miser sur les manipulations extravagantes de laboratoires.

I.5. Le changement de stratégie d'investissement

Le changement de stratégie ne se traduit pas dans les politiques spatiales américaines par un abandon de ce secteur, mais plutôt par le déplacement de son intérêt et de son parrainage par l'État fédéral et les États pris individuellement. Progressivement, la diminution du budget d'une institution aussi fondamentale que la NAZA, en dit long. En vérité, le changement de cap concernant ce secteur de l'exploration spatiale s'exprime par la libéralisation extrême du pilotage des projets et de leurs financements, c'est-à-dire leur privatisation.

Des personnes très riches investissent ledit domaine soit en sponsorisant des manœuvres, soit en voulant eux-mêmes, au profit de l'exploit, aller à l'aventure extrême. C'est dans ce cadre qu'il faut inscrire « l'appel à candidature au projet spatial imaginatif » lancé par la NAZA[37]. Ce projet est curieux : il s'agit pour n'importe quelle personne au monde qui conçoit un plan, aussi diabolique qu'il puisse être, de le proposer à l'institution de la NAZA ; le projet est lancé sous forme de compétition. Nous sommes vraiment ébahis, avec une telle légèreté, l'institution en question sonne officiellement l'ère du « tourisme spatial ». De surcroit, ce qui rendra hypothétique le « tourisme spatial », c'est bien la tentative de « réalisation » d'entreprises privées en vue et le probable découpage de l'espace en des secteurs privés d'exploration. Et il y aura en effet des guerres pour l'espace et aussi d'autres projets de « sécurisation » desdits secteurs.

---

[37] Site officiel-de-la-nasa.html.

Au plan sécuritaire, la privatisation progressive des structures comme la NAZA va donner, du coup, davantage de tonic à la technologie et à l'industrie aérodynamique, surtout à des échelles d'intérêts crypto personnelles d'individus dotés de moyens colossaux. Il faut en même temps appâter fonds financiers et savoir-faire. Aujourd'hui, dans certains pays européens, l'usage privé et l'achat hasardeux de drones sont des réalités très inquiétantes qui engagent les questions de sécurités physiques, territoriales, d'intégrité morale (par rapport à l'espionnage).

Par simple stratégie, pour ce qui concerne les États-Unis, à défaut de relâcher un domaine « encore » stratégique, il vaut mieux le privatiser ou à défaut promouvoir des appels d'offres pour réaliser financièrement les projets de la NAZA ; ceci permettra deux choses : de diminuer sensiblement le budget de la recherche aérospatiale (au profit des recherches sur les cellules souches embryonnaires) et de stimuler les dynamiques dans le sens du suivi sur les recherches aérospatiales par une mise en contribution, cette fois-ci, des intelligences et des génies individuels qui ne sont affiliés à aucune institution. Autrement dit, ça permet de détecter les génies en la matière, de les suivre et de les recruter pour réaliser le grand et vieux rêve hégémonique de l'Amérique.

Le parrainage d'institutions ou de laboratoires biotechnologiques par l'État fédéral est, depuis plus de trois décennies, une tradition aux États-Unis. Le parrainage profite aussi bien à des personnes douées au plan scientifique qu'aux présidents en quête de nouveaux mandats. Avant Obama, les Présidents Reagan et Clinton ont respectivement accordé un intérêt considérable aux recherches sur les extra-terrestres et les ovnis. L'administration Clinton, par l'intermédiaire de Laurence, a financé des recherches sur les ovnis[38]. On va observer les mêmes attitudes avec les nouvelles perspectives de l'exploration aérospatiales. Même les recherches spatiales sur les planètes sont pensées plus aujourd'hui avec des visées biotechnologiques, c'est-à-dire dans l'espoir de trouver des secrets permettant la pérennisation de la survie humaine (l'immortalité) et la découverte d'espace habitable pour une prolongation de la vie. Voilà pourquoi, le prélèvement, la manipulation et les études des gamètes « provenant » de la planète Mars auraient soulevé beaucoup d'enthousiasmes.

[38] cf. discours de Clinton en 1995, http : // www.openminds.tv/bill-clinton-talks-ufos-area-51/26772.

Par ailleurs, on envisage une origine « marsienne » (planète Mars) de l'Homme ce qui rend probable l'idée d'envisager une modification biologique des hommes leur permettant d'y vivre ou de séjourner dans les autres galaxies. Rappelons, en ce sens, le projet USA lancé par la fusé dénommée « MINITOR 5 » pour explorer la poussière lunaire et comprendre Nepturne. À vrai dire, l'hypothèse de « l'origine marsienne de l'Homme » est un prétexte pour donner un peu de sens à l'aventure biotechnologique spatiale. Les ressemblances supposées entre la planète Mars et la planète Terre s'inscrivent elles aussi dans la même logique.

Dans le même élan, la Chine annonça la même ambition pour l'horizon fin 2014. En effet, la décision d'Obama sur les cellules souches, les appels d'offres de la NAZA à des initiatives individuelles pour l'exploration, les promesses scientifiques et futurologues sur la planète Mars répondent de la même préoccupation : réaliser le « surhomme » qui, parce que « modifié » ou « amélioré » grâce aux biotechnologies, sera apte à s'y adapter dans un but hégémonique. Il ne s'agit donc pas seulement de promouvoir un hypothétique « tourisme spatial » comme le clament les inconditionnels. À la maîtrise — tant souhaitée — des caractéristiques de Mars suivra le plan de modification des hommes qui souhaiteront y être les toutes premières colonies ou les « nouveaux citoyens ». L'aventure ne s'arrête pas à cela, car il s'agira aussi d'envisager la maîtrise des continents à partir d'une position stratégique dans une autre galaxie.

L'Amérique accorde désormais le primat aux recherches biotechnologiques sur celles technospatiales. Mais accorder le primat ne signifie pas forcément abandonner ces dernières. La stratégie envisage leur cumul, leur couplage qui est plus qu'évident aujourd'hui. Les unes déterminant les autres, les budgets colossaux à mobiliser à cet effet exigent nécessairement la recherche de partenariats privés. Aux États-Unis, les budgets alloués d'une part à l'armement (les guerres improvisées) et aux recherches biotechnologiques spatiales, d'autre part, étouffent les mises en œuvre de centaines de projets publiques. Pour ne pas courir le risque du discrédit politique, c'est un impératif aux yeux des politiques de trouver des financements innovants plus privés. On n'ignore point le caractère très budgétivore des campagnes de guerres hasardeuses récentes menées en Afghanistan et en Irak. Comme nous le verrons plus loin, en guise d'illustration, l'école publique américaine fait partie des institutions sociales qui en ont le plus souffert.

Deuxième partie

Génie biologie cellulaire, philosophie et foi américaine

II. 1. LES BIOTECHNOLOGIES ENTRE PROUESSES, VALEURS ÉTHIQUES ET QUESTIONNEMENT PHILOSOPHIQUE : RAPPEL SUR LES ENJEUX D'UNE QUESTION

II.1. A. Biotechnologie, philosophie et humanités

Parler de la biotechnologie implique aujourd'hui un enjeu de taille qui est à la fois éthique, scientifique et politique, car il revient à évoquer une problématique qui concerne, pour beaucoup, l'avenir de notre humanité engagée dans un « tourbillon » géopolitique et militaire sans précédent. Pour comprendre les conquêtes des biotechnologies, il faut partir de trois points de vue : philosophique, politico-idéologique et scientifique.

Au plan philosophique et historique, l'Homme est considéré, par comparaison à l'animal, comme un être capable de créer la culture, si culture signifie simplement ici ce que l'homme ajoute à la Nature (faune et flore) et à sa propre nature. C'est parce que l'Homme a la conscience de sa présence au monde contrairement à l'animal qu'il parvient à donner un sens à son existence ; mais surtout un sens qui brave trop souvent les « règles » de cette même existence. Autrement dit, en améliorant ses conditions de vie et en s'améliorant lui-même — ce dont l'animal n'est pas capable —, l'Homme ne se donne presque pas de limites.

L'amour du devenir et de la transformation est, à la fois, la qualité et le défaut fondamental de l'Homme. Roger Garaudy le dit bien en substance suivant la tradition hégélienne : l'animal est un faisceau de réponses, tandis que l'Homme est un faisceau de questions, sa nature n'est pas conforme à la Nature, elle la transforme. L'Homme ne laisse pas intacte la Nature, il va la soumettre à sa propre volonté et à ses caprices ; du coup, il améliore sa vie — même si cela est aujourd'hui discutable avec les questions écologiques par exemple — en s'offrant un confort matériel. Bref, il cherche à humaniser la Nature en la peignant à son image et son image à l'infini.

Le déterminisme et la prééminence longtemps supposés de la Nature par comparaison à la Culture — en tant qu'acquis — semblent désormais erronés. Mieux, on va même jusqu'à envisager la détermination, ou tout au moins l'orientation, de la Nature par la Culture. Les rapports s'inversent et, du point de vue du concept, les deux termes ne se définissent plus en fonction d'inné ou d'acquis. Les barrières se perdent. Nous sommes à l'ère des hybrides. Et justement, c'est la technique qui s'interpose — via l'intelligence humaine — pour servir de moyen terme entre la Nature et la Culture. Cela fait, d'une certaine manière, que l'Homme n'appartienne vraiment plus ni à l'une ni à l'autre, mais il demeure plutôt le « projet » de ses propres rêves d'autotransformation.

La Technique se fait Culture. Elle se substitue à la Culture en la vidant de toute spiritualité, car il n'y a plus un homme à humaniser par la Culture suivant certaines valeurs traditionnelles préétablies. Cet homme sort de la Culture puisque son ambition nouvelle est d'abroger les frontières de la Nature. On est pleinement alors dans l'évidence des utopies. La question que nous inspire une telle situation ce n'est pas celle qui consiste à se demander « comment définir désormais la Culture ? », mais plutôt : a-t-on besoin aujourd'hui de définir la Culture ? Les utopies et les mythologies ont ceci de fantastique qu'elles partagent leur caractère cynique avec le rêve : les interdits n'y ont aucun contenu moral. C'est seulement dans le rêve que l'on peut, sans risque de procès et sans scrupule, commettre un meurtre. Quant au mythe et à l'utopie, ils n'ont pas nécessairement besoin d'espaces géographiques et temporelles réelles pour exister. Ils débordent l'ordre humain.

On a l'impression que la « nouvelle race » d'hommes à laquelle beaucoup rêvent appartenir dans un futur proche ne va plus être caractérisée par ce que le sociologue français Edgar Morin qualifie d'*unidimensionnalité symbiotique*, c'est-à-dire d'un Homme à la fois biologiquement et culturellement unique et complexe. Mais on sera dans une complexité plus redoutable : l'Homme est vraiment projet et ne sera que la réalisation de ses propres utopies. Les caractères multiples, dispersés et ambigus de l'homme contemporain annoncent déjà les couleurs. Cet homme en question sera précisément caractérisé par une humanité unidimensionnelle se vidant progressivement de son « humanité naturelle » ; ou le « biologique » chez l'Homme ne sera qu'une dimension de son auto-invention culturelle permanente grâce aux progrès scientifiques ou il sera tout simplement « éliminer ».

Toutefois, après le Siècle des Lumières, marqué par le triomphe du rationalisme laïc, cette tendance humaine et naturelle de « recherche de la perfection humaniste » va connaitre une perspective scandaleuse : la « trahison » de l'orientation fondamentale, primordiale de la Science qui est d'assurer à l'Homme un confort matériel en adéquation avec sa nature. On a désormais une Science qui se donne pour visée sa propre découverte et l'Homme comme un objet et une étape de cette découverte expérimentale. La preuve simple c'est le renversement de la méthode expérimentale, bien que discutable.

La place de l'hypothèse au deuxième rang de la méthode n'a pas un sens anodin, elle traduit deux choses : l'incertitude et la subjectivité a priori et le caractère limité de l'investigateur. Théoriquement, le doute et la probabilité semblent dorénavant perçus comme des signes de faiblesse, de « pudeur » et cela est inadmissible. Nous savons que, dans l'ordre simple de la méthode expérimentale, la détermination du fait scientifique (l'observation) et l'hypothèse doivent précéder l'expérience et l'essai (l'expérimentation en tant que telle). Mais, tout en les maintenant, elles n'ont plus qu'une valeur mécanique et symbolique. Qu'adviendrait-il, si l'on adopte comme nouvelle loi l'inversion de la procédure, en déterminant l'hypothèse après l'expérience ? De toute façon, les folles expériences « trop originales » des conquérants des cellules souches et des manipulations s'inscrivent clandestinement dans cette logique.

Personne ne peut nous rassurer aujourd'hui que cet ordre n'est pas renversé pour placer l'expérimentation ou l'expérience avant la détermination du fait scientifique et l'hypothèse. S'il en est ainsi, c'est comme qui dirait — pour caricaturer — chercher une chose avant de savoir pourquoi et avant même d'envisager les éventuelles envergures et conséquences de sa découverte. Quelle absurdité ! Si nous suivons la loi causale dans sa version simple (par exemple : si A équivaut à A' alors B équivaudrait à B'), au moins on a une hypothèse, car la connaissance de l'équivalent de A constitue déjà un fondement sur lequel on s'appuie pour « aller à l'aventure » de l'expérimentation de « l'équation B ? ». Mais, aujourd'hui, dans les laboratoires, les « explorateurs » des cellules souches et des manipulations en général sont quasi désarmés face aux multiples possibilités encore ignorées et cachées des cellules pluripotentes. La Science ne cesse de s'inventer grâce au génie humain, mais il y a l'impératif aussi de réinventer l'« humanité » de ce génie qui doit accompagner son aventure. Cet état d'esprit sans âme de quelques scientifiques nous le qualifions d'« anarchisme épistémologique », c'est-à-dire la prohibition de toute causalité. Paul Feyerabend évoque la « superpuissance » dangereuse de la Science :

« Le rationalisme et la science sont en train de conquérir des secteurs toujours plus larges du globe. L'enseignement les déverse dans le cerveau des enfants des nations « civilisées ». Le développement se charge d'en faire profiter les sociétés « primitives » et « sous-développées ». La recherche militaire, qui est une entreprise internationale et indépendante des affiliations politiques, les introduit au cœur même du pouvoir. N'importe quel programme, aussi modeste soit-il, doit s'ajuster aux normes de la science pour être acceptable. La tendance a quelques avantages — mais elle comporte aussi de graves inconvénients. »[39]

Paradoxalement, la désintégration de « la méthode universelle » que promeut Feyerabend est l'une des raisons de la folie et de la superpuissance des sciences que lui-même dénonce. La déréglementation de la méthode ouvre grandement la porte aux dérives. Aucune éthique ne serait envisageable si, a priori, l'on ne fixe pas les modalités et les motivations de l'aventure. C'est ce qui prouve tout le sens et l'intérêt philosophico-moral de l'hypothèse dans toute recherche expérimentale.

Ce changement d'orientation indiscutable a eu deux conséquences qui engagent les problématiques qui nous préoccupent aujourd'hui : la Bioéthique et la Biomédecine. Ces deux conséquences sont, d'une part, le fait que l'Homme prenne la Science comme une « puissance » pour dominer son prochain, c'est-à-dire l'instrumentalisation de la Science à des fins de colonisation scientifique et militaire, après avoir « dominé » la Nature et, d'autre part, le fait qu'il manipule le vivant qui était jusque-là considéré comme « sacré et complexe ». Dans le but de le rendre plus « surhumain », en forçant à son propre être l'absence de limites, l'Homme, en tant qu'élément du vivant, fouit tous les déterminismes, mais n'échappant pas à celui de ses fantasmes. Ces deux perspectives en réalisation vont davantage rendre rebelle et libre la Science elle-même vis-à-vis de l'Homme. Mais y a-t-il un sens en tout cela à la lecture de ce qu'est réellement la Science ?

Mais, ce qu'il y a de plus inquiétant, c'est le remplacement progressif de l'Homme dans ses attitudes humaines et dans ses rôles sociaux et domestiques par des robots-hybrides (mi-matière technique mi-matière biologique). Ce dernier aspect se réalise déjà dans beaucoup de sociétés occidentales. Nous savons les méfaits sociaux, liés au chômage, occasionnés par la mécanisation d'hier et la

[39] *Adieu la raison,* op., cit., p. 109.

robotisation massive au plan industriel. Mais, l'avenir risque d'être plus aberrant, car des familles pourraient confier la garde de leurs enfants à des robots et, probablement, celle de leurs « vieillards » non à des maisons de retraite, mais à des clones humains ou bactériologiques ou microbiens !

Le phénomène que nous voulons mettre en exergue c'est plus un fait psychologique et mental fort qu'une crise de l'emploi des sociétés postmodernes. Dans le remplacement progressif de l'Homme par les robots industriels, on a toujours chanté l'efficacité de ceux-ci à réaliser des performances énormes en matière de productivité et de standardisation jamais égalables, mais, parallèlement, on oublie que cette diminution de l'intervention chez l'Homme rend celui-ci de plus en plus oisif, maniaque, donc désœuvré et stressé. On lui subtilise son espace, ses habitudes et routines.

En Occident, différemment de l'Afrique par exemple, la robotisation domestique a atteint un niveau impressionnant : au-delà des machines à laver et à repasser, d'autres robots sont expérimentés et utilisés pour préparer et servir le petit-déjeuner, pour transmettre un journal, des portails des maisons aux salons (etc.), tandis que d'autres font les petites tâches domestiques et bureautiques (transmettre et recevoir les courriers par exemple, mettre les couches des bébés...). D'autres rêvent, dans un jour proche, de pouvoir recommander le shopping ou le travail de baby-sitter ou celui de massage corporel à leurs robots domestiques.

Tout cela est pourtant bien positif, dira-t-on, sur le plan du confort. Oui certes, mais on oublie leurs revers aux plans psychologique, psychoaffectif, psychosocial, mental et moral. Bref, les « petites tâches » que nous cédons aux machines font, en quelque sorte, partie de notre processus de socialisation. Elles nous rendent plus humains en nous évitant certaines dépressions psychologiques et mal de vivre. Elles nous mettent à l'école de la vie avec ses erreurs et perfectionnements.

L'Homme est un être d'activités, jusques y compris celles qui paraissent les plus banales et anodines. C'est pourquoi il est heureux que, dans nos sociétés africaines, la majeure partie de nos tâches domestiques se fasse à la main (laver, cuisiner, préparer un café, repasser des vêtements, cueillir des fruits, etc.). Il est heureux que les couples fassent très rarement recours aux fécondations *in vitro,* aux Assistances Médicales pour la Procréation et autres pratiques du genre. Il n'y a point de limites à la recherche de confort à travers l'intervention des robots. C'est pourquoi certains n'hésiteront point à déléguer des rôles qui, dans ce cas-là, enfreindront la dignité humaine comme la responsabilité de donner une part de son héritage à son robot ou celle de se marier avec. La réalisation de l'impossible peut bien être considérée aujourd'hui, dans quelques situations, comme une dimension de la folie ! L'Homme est amené à confondre le possible à la mesure de ce qui est imaginable. L'imagination remplace l'hypothèse dans le schéma mental de beaucoup de scientifiques.

Tous les artifices (biologiques, techniques, synthétiques...) dont nous rêvons en effet modifient, d'une façon ou d'une autre, notre être profond et nourrissent le « surhomme nietzschéen » en nous. Albert Jacquard dénonce cette folle ambition humaine en assurant que :

> « Le propre de l'homme est de transformer ce qui l'entoure, sa nature est de vivre artificiellement. À son profit, il manipule le milieu dans lequel il vit et parvient à modifier les espèces végétales ou animales qui lui sont utiles. (...) Ce pouvoir nouveau, pourquoi ne pas l'utiliser pour atteindre l'objectif le plus fascinant : améliorer l'Homme lui-même ? »[40]

C'est le deuxième aspect qui est le plus déterminant, car l'Homme avait l'habitude, auparavant, de manipuler des objets et des animaux en vue de tester des médicaments par exemple, mais, plus grave aujourd'hui, il est en mesure de manipuler son propre génome. Autrement dit, il a mis la main dans ce qui le détermine à beaucoup de points de vue. Mais, sa détermination biologique illimitée risque de compromettre ses statuts et sa place dans notre monde.

Dès que les caractères futurs d'un fœtus (comportements, couleur, facultés, états d'âme, etc.) sont susceptibles d'être influencés, en ayant accès à son patrimoine génétique, l'Homme ne fait pas seulement l'objet aujourd'hui de manipulations scientifiques, mais il en est la phase diabolique dans la mesure où, de toute façon, ce qu'on produira sera soit « plus humain » ou « moins humain » et jamais « rien qu'humain » ! L'hybride, quelle que soit la chaîne d'espèce où nous nous trouvons, a ceci de merveilleux qu'il n'est ni son origine ni son dérivé, mais leur entre-deux plus « autre chose ? » ; et c'est cette « autre chose » qui est à la fois hyperbolique, phatique, magique, ondoyante, fantastique et effrayante ! Il n'est pas l'inconnu puisque

[40] *Éloge de la différence, La génétique et les hommes*, op. cit., p. 7.

celui-ci est l'autre face du connu, c'est-à-dire qu'il est connaissable. L'hybride biotechnologique est tout juste de l'ineffable, on ne peut pas le circonscrire avec les concepts… C'est ce qui nous permet, à présent, de parler de la complexité des prouesses actuelles et dangereuses de la biotechnologie, car elles suscitent autant d'enjeux éthiques que philosophiques.

Finalement, certains sont même amenés, dans le champ de la philosophie, à se demander si nous n'assisterons pas à la fin de l'Homme et le début d'une nouvelle « humanité » des clones. Pour cela, nous préférons parler de la « fin » de « l'Homme-humain » qui sera, selon certaines prévisions chaotiques, remplacées par la « machine-homme » ou « homme-machine » ou « homme-hybride ». Plutôt que de parler de « la fin de l'Homme » tout court, devrions-nous nous attendre à la fin de nos civilisations ? Cela en est une autre interprétation.

Pour plus de systématisation, nous évoquerons les points qui suivent : le passage de la biologie réparatrice et curative à la biologie régénératrice, la question de la manipulation du génome humain, la question du clonage et de l'Euthanasie et celle du passage des mères porteuses aux machines porteuses.

II.1.B. De la biologie réparatrice et curative à la biologie régénérative : un regard nouveau sur le vivant

II.1.B.1. Aspects historiques

D'un point de vue historique, le terme biologie est apparu au début du XIXe siècle en France, sous la plume de Lamarck. Il signifie, étymologiquement, *discours sur la vie*. À ses premiers moments, sous l'ère de la modernité, la biologie se manifesta sous son expression *mécaniste,*[41] mais pas seulement de façon théorique. Les philosophes

[41] Le mécanisme au XVIIe siècle vise à réduire tous les phénomènes physiques à des chocs entre particules ayant des propriétés mécaniques très simples telles que l'élasticité parfaite, la sphéricité... Ainsi la température d'un système correspond à la vitesse moyenne des particules qui le composent, la pression au choc de ces particules contre la frontière du système... L'explication mécaniste ne laisse ainsi aucun mystère sur les relations cause effet : il s'agit de chocs dont les lois sont parfaitement connues et expriment la conservation de la quantité de mouvement. Pour Descartes, un tel type d'explication permettrait de comprendre la totalité des phénomènes naturels à partir de principes simples. On voit donc que le mécanisme joint à une ontologie

en faisaient déjà au XVIIe siècle un objet intéressant pour explorer la complexité du vivant, mais aussi en rapport à celle des structures cosmologiques. D'autres remontent l'intérêt philosophique à l'Antiquité avec comme précurseur « supposé » celui qui est sensé être le père de l'atome : Démocrite.

Mais, étant donné la biologie ne va se structurer comme science autonome que beaucoup tardivement, la laïcisation moderne de diverses sphères sociale, politique, et scientifique de la vie sera déterminante. Il fallait des théories courageuses et révolutionnaires pour déconstruire toutes les représentations et sacralités autour du concept *vivant*. Descartes et Nietzsche constituent particulièrement, sous ce rapport, de beaux exemples. Paul Mazliak affirme :

> « Par la modélisation et l'explication mécaniste des phénomènes, Descartes a engagé la recherche biologique dans une voie très féconde. Depuis le 17e siècle, les modèles se sont perfectionnés, les mécanismes explicatifs sont devenus chimiques, électriques ou cybernétiques, mais la biologie moléculaire triomphante au 20e siècle porte encore la marque discrète des innovations cartésiennes. »[42]

Quant à Nietzsche, il fut, dans un angle plus nihiliste que constructif, émerveillé par l'avènement des autopsies qu'il chantait tant : un corps profané au plus haut degré au mépris de toutes les valeurs prônées dans les siècles précédents. Nietzsche écrit :

> « Ce qu'il y a d'esthétiquement offensant à l'intérieur de l'homme sans épiderme : masses sanglantes, intestins chargés d'excréments, entrailles, tous ces monstres qui sucent et aspirent et pompent, informes ou laids ou grotesques et, de plus horribles à l'odorat. »[43]

---

matérialiste particulière, qui réduit la nature aux mouvements de corpuscules matériels, une épistémologie qui met en avant un seul type d'explication pour les théories scientifiques. La théorie de l'animal-machine de René Descartes eut d'importantes répercussions sur la pensée médicale et l'émergence d'une médecine mécaniste, puis d'une médecine scientifique. Selon la médecine mécaniste, les phénomènes pathologiques observés par le médecin peuvent s'expliquer par des causes physiques. cf. www. http : //fr. wikipedia.org/ wiki/M%C3%mecanisme_(philosophie)

[42] *Descartes, de la Science universelle à la biologie*, Paris, Vuibert/ADAPT, 2005, p. 2.

[43] *Nachegelassene Werke*, Bânde XIII, § 653, p. 267.

Bravant la fameuse tradition ecclésiastique et scolastique répressive, les théoriciens renversent le paradigme dominant pour ainsi préparer le terrain à l'ère biotechnologique. La question de la biologie cellulaire, moléculaire ou celle synthétique peut être remontée, en effet, à ses prémisses mécanistes, au XVIIe siècle. Déjà avec les théories mécanistes, la biologie est centrée autour de la formation du vivant, de ses structures et de leur rapport au grand ensemble univers. Les théories du philosophe René Descartes sur les « machines-animaux » sont très évocatrices à ce propos.

Ce que les pionniers de la biologie mécaniste auront apporté aux « nouveaux génies » de la biologie moléculaire, ce n'est vraiment pas le fait d'avoir tracé les premiers les voies à suivre, d'avoir mis la biologie en orbite, mais il s'agit plutôt d'une « audace » qu'ils leur auraient insufflée. La considération mécaniste cartésienne arguant que le vivant est régi par les mêmes règles et mécanismes qui régissent la machine n'est-ce pas suffisant pour stimuler la « course » vers l'exploration de ces mêmes principes ?

Descartes n'y était pas allé en amateur, car il avait établi une méthode comparative entre les structures biologiques complexes et celles des machines dont la complexité faisait office de référence dans un siècle de bouillonnement scientifique sans précédent. Kant, avec le même intérêt, cherchera les mécanismes du monde ou de l'existence dont dépend le vivant, mais dans un élan plus cosmologique et philosophique. La biologie moléculaire va également se construire au début à partir de l'examen de la structure et du fonctionnement des organismes, des plus simples aux plus complexes, mais avec un nouvel attachement aux virus et aux bactéries. Bref, c'est un siècle de foisonnement enrichissant des sciences, s'ouvrant sur des perspectives utopistes.

L'audace et l'inventivité qui auraient poussé Descartes à habiter le quartier des bouchers en Suède pour explorer les restes de bêtes et connaître la circulation sanguine et les canaux de la vision demeurent plus une invitation à l'aventure biologique qu'un simple génie. En plus, il n'est certes pas le seul pionnier de cette époque. Au-delà du fait que son projet s'était nourri à la fois des évolutions mécanistes, géométriques, astronomiques et philosophiques de l'époque, à l'instar de ses pairs, il entretenait un optimisme particulier à l'endroit de la médecine. Pour Descartes, en matière de médecine, « *tout ce qu'on sait n'est rien à comparaison de ce qui reste à y savoir.* »[44]Pourtant, dans la métaphore arboresque symbole de l'*humaine sagesse*, il place la médecine parmi les trois branches principales [à côté de la morale et de la mécanique].

À la suite de Kant et Descartes, dans leur attachement aux mécanismes évolutifs des organismes vivants, Engels et Marx se distingueront dans leur attachement à la *dialectique de la Nature.* Eux aussi sont des précurseurs sans faire directement allusion à la biologie. Il existe, en effet, une longue tradition philosophique qu'on peut remonter à Démocrite qui éclaire les audaces primaires de la biologie moléculaire. Ce serait insensé alors de désigner les célèbres théoriciens François Jacob, Gregor Mendel et Jacques Monod comme les vrais révolutionnaires, même si leurs découvertes sont plus que déterminantes. L'intérêt à démontrer l'engagement des philosophes en ce sens doit justifier le caractère universel, historique et transversal de la problématique que soulèvent les prouesses biotechnologiques depuis le début.

Cependant, notre thèse du rôle pionnier des philosophes modernes est écartée au profit des « premiers » adeptes de la biologique moléculaire. Danielle Seilhean situe la période d'or après le XVIIIe siècle, ce qui traduit le mépris vis-à-vis de la phase théorique pionnière :

> « Après une phase franchement frivole et exhibitionniste au XVIIIe siècle, qui voit une floraison de « cabinets de curiosités », l'autopsie devient une affaire sérieuse au XIXe siècle avec les corrélations clinico-anatomiques systématiques. Un mode de pensée analytique et thérapeutique se constitue, et c'est dans ce climat que naît la biologie, marquée par des personnalités comme Claude Bernard et Louis Pasteur. Il ne s'agit pas d'imaginer des systèmes de concordances et d'harmonisation, mais de dissocier les phénomènes, de les observer un à un, et d'examiner leur influence les uns sur les autres par la méthode expérimentale. »[45]

De l'avis de Jean Choay, Jacques Monod inscrit la vraie rupture à partir de Mendel. Sans être une dénégation de l'histoire, cette approche ignore l'essentiel. Il écrit :

---

[44] René Descartes, *Discours de la méthode*, 6e partie, Œuvres et Lettres, Paris : Gallimard, 1952, p. 169.

[45] Danielle Seilhean, *Regarder la mort en face : réflexions sur le don d'organe pour la recherche*, Paris, L'Harmattan, 2003, p. 46.

« La lecture de l'histoire de la biologie par Jacques Monod met en évidence trois grandes coupures : Mendel découvre le véritable invariant biologique, l'hérédité ; Darwin, le véritable fondement de l'évolution, la sélection naturelle ; Avery, Watson et Crick donnent à la biologie moléculaire son essor décisif. »[46]

Ce qui importe le plus c'est de considérer toutes les étapes de l'essor des biotechnologies comme des moments de refondation de la vision de l'Homme sur lui-même dans le double rapport avec l'Existence et avec le sens de son devenir. Dès lors, les biotechnologies s'inscrivent au cœur de la géopolitique et de la géostratégie du monde.

II.1.B.2. Les biotechnologies dans les entreprises militaires

Tout comme la biologie moderne qui a connu une révolution après la faillite heureuse du scientisme et du positivisme de Comte Auguste et de Kepler — qui sclérosaient les postulats scientifiques en dogmes[47] — la technologie scientifique et militaire commença à connaître au XXe siècle une hégémonie renforcée par la faillite des métaphysiques postmodernes. La nature « stimulante » des recherches scientifiques ne sembla point apprendre des défaillances de beaucoup de paradigmes tant chantés[48]dans le siècle précédant. L'entreprise

---

[46] « Jacques Monod : l'Homme n'est qu'un accident », 29 novembre 2010.

[47] L'approche essentialiste ou positiviste va de l'antiquité grecque (avec Pythagore et Démocrite...) jusqu'à la fin du XIXe siècle et repose sur l'idée d'un déterminisme et d'une causalité scientifiques infaillibles et maîtrisés. D'après cette conception, la vérité explicative de l'être du monde (l'organisation du cosmos) existerait grâce au démiurge (la Noesis) et c'est seulement par les postulats scientifiques que sa saisie est possible. Cette conception a marqué le cours de l'histoire et a connu son apogée aux XVIIIe et XIXe siècle (fin XVIIIe - début XIXe siècle), moment d'euphorie et d'optimisme béat de la Science après de longs succès : révolutions Galileo-newtoniennes (Galilée (1564-1642), mathématicien, physicien et astronome italien, père de la science expérimentale et de l'héliocentrisme), théorie de la gravitation avec Isaac Newton (1642-1727) — mathématicien, physicien et astronome anglais, père de la loi de la gravitation universelle, de la loi des calculs différentiels et intégrales — , le positivisme dogmatique d'Auguste Comte et celui du cercle de Vienne pour qui seul le positivisme scientifique posait réellement la question du sens de l'être.

[48] Vers le XXe siècle que de nouvelles théories scientifiques révolutionnaires allaient ébranler les fondements et les modèles explicatifs de ce classicisme moribond avec surtout l'avènement de la physique quantique et l'énergie subatomique qui allaient ouvrir de nouveaux espaces. Ce fut surtout avec les

militaire, depuis le début du XXe siècle, ne se limite plus à interagir avec les comités scientifiques isolés pour l'amélioration des armements ; elle est désormais en soi une entreprise scientifique de haute facture dont les objectifs de recherche dépassent les armements.

---

réalisations des figures suivantes : Albert Einstein (1879-1955, physicien et mathématicien allemand naturalisé Suisse) père de la théorie générale de l'univers en 1900, la théorie de la relativité qui a permis de libérer l'énergie nucléaire ; Marx Planck, père de la théorie des quanta en 1905, théorie qui donne l'ensemble des quatre nombres qui définissent complètement l'état de chaque électron d'un atome ; Niels Bohr (1885-1962), physicien danois qui appliqua la théorie quantique à l'atome dont il conçut un modèle planétaire; Louis de Broglie, père de la mécanique ondulatoire, membre de l'Académie française et prix Nobel ; W. Heisenberg (1901-1976), physicien allemand, prix Nobel en 1932 et ayant travaillé sur la mécanique quantique. *Ces découvertes ont progressivement permis à la Science de tempérer son ardeur en prenant conscience pour la première fois du caractère historique de son savoir.* C'est ce qui allait expliquer à partir de ce moment l'émergence d'un courant épistémologique nouveau : le courant historiciste. L'historicisme épistémologique repose sur le principe selon lequel : *la vérité scientifique est inaccessible — dans sa totalité — à l'homme qui peut, malgré tout, avoir des connaissances, lesquelles connaissances sont les différents moments de cette vérité, moments s'enchaînant infiniment dans le temps sans jamais pouvoir épuiser cette vérité.* La question légitime qu'il faut alors se poser est de savoir *si la Science peut s'accommoder d'une vérité qui a, dans sa nature, de changer en fonction de l'histoire, c'est-à-dire d'évoluer du fait du temps*. En d'autres termes, en embarquant ainsi la vérité dans l'histoire, ne la rend-on pas presque chimérique, illusoire ? Est-il possible de concevoir un point de convergence entre la vérité et l'histoire sans relativiser la vérité elle-même au risque de la faire disparaître ? Pour contourner ces difficultés, *l'Épistémologie moderne allait mettre le progrès scientifique, non plus dans l'enchainement de vérités partielles et parcellaires participant d'une même logique, mais dans le recouvrement progressif d'erreurs.* Telle est l'Épistémologie selon Bachelard, mais aussi pour Karl Popper. Gaston Bachelard (1884-1962) est un épistémologue français. Il a théorisé l'existence d'un nouvel esprit scientifique (titre d'un de ses ouvrages, écrit en 1934) met le progrès scientifique dans la capacité de l'esprit à juger son passé historique en le condamnant, et ainsi l'esprit scientifique ne se formerait qu'en se réformant progressivement, grâce à sa capacité à rectifier ses propres erreurs. On a alors l'impression qu'à chaque époque de son développement, la Science reconnaît ses erreurs de l'époque précédente et fait son mea culpa. « *En revenant sur un passé d'erreurs, on trouve la vérité en un véritable repentir intellectuel. En fait, on connait contre une connaissance antérieure, en détruisant des connaissances mal faites* », dira Bachelard (cf. texte intitulé « La vérité est rectification d'erreurs »).

Les États-Unis sont, sans nul doute, après l'URSS, la nation moderne et postmoderne qui s'est, à ce propos, distinguée le plus.

Malheureusement, peu de recherches sont vraiment consacrées au bilan de l'interdétermination historique entre l'entreprise militaire russo-américaine et l'avancée des biotechnologies dans une autre logique que celle de la criminalité. Le côté médical importe certes, mais pas moins que celui géostratégique. Les efforts énormes dans l'amélioration et l'éradication de certaines maladies qui étaient jusque-là inguérissables grâce aux découvertes en biologie cachent malencontreusement le drame de l'Histoire lié aux méfaits militaires de cette fusion.

En quête de puissance, l'entreprise militaire voit le même intérêt que la médecine dans l'immense mine de possibilités avec les cellules souches. C'est pourquoi, Nicole le Douarin n'a pas tort d'affirmer que : « *La biologie connut une révolution majeure quand on réalisa que l'unité de base de tous les êtres vivants est la cellule.* »[49] Ainsi, la biologie expérimentale a enregistré des prouesses qui ont suscité autant d'espoirs que de craintes. D'espoirs parce que, avec la génétique moléculaire ou cellulaire, les acquis déjà enregistrés dans les pratiques médicales sont devenus plus « maîtrisés » et un nouveau champ va destiner la Science et l'humanité à un paradigme nouveau : l'« infini » de l'incertitude après celui des mathématiques. Mais quel est le rôle de l'entreprise militaire dans tout ça ?

Pour le côté positif des techniques médicales, évoquons laconiquement quelques exemples fondamentaux. On n'a plus besoin « d'ouvrir » le corps de l'individu lors des interventions chirurgicales grâce aux techniques d'usage de laser en perspective, et déjà réalisables dans des pays développés. En plus, on peut éviter aujourd'hui les phénomènes de rejet lors des greffes d'organes avec la découverte des rhésus sanguins. Cela permet de constater une mutation positive au niveau de la biologie lui permettant désormais de dépasser son rôle curatif, traditionnel, pour se mettre dans une logique régénérative. Toutefois, cette possibilité réveille dangereusement, aujourd'hui, des envies de manipuler la cellule en voulant orienter biologiquement le « futur du vivant ».

Et, à partir de là, un problème éthique et culturel se pose : l'Homme veut-il influencer ou manipuler son destin ? Oui. Ce rêve est

[49] *Des chimères, des clones et des gènes*, Paris, Odile Jacob, 2000, p. 39.

déjà en cours d'expérimentation dans certains coins de notre planète. Les fous sont déchaînés et les fantômes recherchés ! N'assisterons-nous pas à la fin des déterminismes liés au vivant ? Beaucoup considèrent que nous situons à présent le corps humain au centre des manipulations biologiques. Or ce stade nous semble presque dépassé ; il faut dire plutôt que la centralité du corps humain comme objet prisé est le point de départ pour la réalisation future de vieilles utopies, aussi vieilles que le monde, entretenues d'abord par des prophéties, des cosmogonies, des légendes, des mythes puis, aujourd'hui, par une Science et une Technique aux ambitions eschatologiques, magiques et superstitieuses.

Aujourd'hui, contrairement à jadis, les orientations culturelles strictement locales ont vraiment peu de chance à modeler un homme particulier qui échapperait au *modèle-universel-mondialisé* voulu et surveillé par de nouvelles divinités superpuissantes à savoir la *mondialisation-technoscientifique* et la *« morale universelle » des droits de l'homme*. La Technique médicale remplace de plus en plus la Nature dans son « vieux » rôle de modelage de l'espèce humaine. Hervé Chneiweiss et Jean-Yves Nau ont raison de s'inquiéter et de s'interroger :

> « L'espèce humaine aborde-t-elle aujourd'hui une étape décisive, irréversible, de son histoire ? Après avoir, depuis des millénaires, appris à domestiquer les règnes végétaux et animaux allons-nous, grâce à une nouvelle maîtrise du vivant, nous autoriser à modifier la destinée de notre espèce ? Les avancées considérables accomplies depuis un demi-siècle dans les champs de la génétique et de la biologie de la reproduction font que ces interrogations, hier encore impensables, commencent désormais à être publiquement formulées. »[50]

Certaines décisions prises par quelques pays occidentaux concernant le vivant traduisent, d'une certaine façon, un manque de respect notoire vis-à-vis des spécificités culturelles d'autres régions du monde. Puisque la mondialisation soumet tous les peuples du monde à l'épreuve du « vivre ensemble », l'on ne saurait enfermer la vision du vivant dans les catégories idéologiques arbitraires. Les produits en tout genre sont transfrontaliers et l'Afrique et l'Asie ne sont pas obligées d'entretenir les mêmes conceptions occidentales de la vie, de

[50] *Bioéthique : avis de tempêtes*, Paris, Éditions ALVIK, 2003, p. 9.

la mort et du bonheur. L'impérialisme biotechnologique ne doit pas occulter les principes de diversité, de différence et d'universalité.

À l'heure actuelle, tous ces scénarios doivent nous amener à revoir nos copies sur la place longtemps donnée au continent africain. Le manque de voix des pays africains dans l'élaboration des grandes questions relatives à l'économie, aux finances et à l'écologie, pour ne donner que ces exemples, ne peut justifier leur silence sur les nouvelles perspectives européennes en matière de biotechnologies. La déstructuration du genre humain est un problème d'enjeu universel. Le président de la Société camerounaise de Bioéthique et vice-président de PABIN (Pan-African Bioethics Initiative) Pierre Effa écrit :

> « La réflexion bioéthique ne saurait être un luxe dans le contexte africain, pour deux raisons au moins. En effet, elle constitue aujourd'hui une préoccupation contemporaine et universelle où l'Afrique subsaharienne a certainement son expérience à proposer quant à la sacralité et la qualité de vie de l'être humain. De plus, la pauvreté et l'insuffisance des structures technoscientifiques conjuguées à l'absence d'un cadre réglementaire bioéthique exposent ce continent à des dérives de toutes sortes. Plus qu'ailleurs, l'urgence de la réflexion bioéthique est ici manifeste. »[51]

L'Afrique sans être une pollueuse remarquée paye, pourtant, les frais des conséquences du réchauffement climatique. Elle n'a pas tous les moyens d'anticipation et de contrôle des catastrophes de ce fléau. Le même scénario risque de se répéter avec les avancées biotechnologiques dans le monde occidental. Déjà l'usage des OGM pourrait, dans un futur proche, y soulever de vraies équations comme on le voit en occident ou pire. La pauvreté, le manque d'infrastructures, de stabilité politique et surtout de cadre de concertation régionale rendront plus complexe les avancées biotechnologiques dans notre continent.

---

[51] « L'inculturation en éthique médicale : l'initiative panafricaine « PABIN » en bioéthique » in *Éthique médicale interculturelle* (Regards francophones), sous la direction de Nicolas Kopp, Marie-Pierre Réthy, Claudine Brelet et François Chapuis, Paris, L'Harmattan, 2006, p. 83.

II.2. De la manipulation du génome humain au rêve de l'immortalité : de la « soupe originelle[52] » à la « soupe artificielle »

« Le moment est venu de passer à la vitesse supérieure et de révéler ce que le futur nous réserve. Si la vieille génération du baby-boom qui est devenu le papy-boom avec l'âge est incapable de comprendre ou de s'adapter, et, comme tout individu qui vieillit voit venir les changements avec l'horreur de ceux qui vont perdre leurs repères, une nouvelle génération est en train de prendre sa place dans la société qui n'aura aucun problème à s'adapter aux nouvelles valeurs engendrées par les nouvelles technologies. Les jeunes qui pianotent sur leur ordinateur depuis l'âge de cinq ou six ans n'ont évidemment pas le même cerveau que ceux qui n'ont eu que des jouets en bois ou en métal et dont la matière grise est quelque peu atrophiée en comparaison… Les vieux, les « hommes du vingtième siècle » ne pourront vraisemblablement pas s'adapter au monde qui arrive. Comme tous les vieillards accrochés à leur pouvoir branlant, ils vont légiférer et tenter d'empêcher l'évolution inéluctable vers l'Homme nouveau. Mais ils n'y pourront rien faire et avec l'âge seront renvoyés vers le musée de l'Histoire ou plutôt de la préhistoire, tant la civilisation qui arrive fera paraître l'homme du XXe siècle comme un « Cro-Magnon » de l'Humanité. Ils peuvent être contre le clonage humain, et contre le fait de pouvoir vivre éternellement. Dans un sens c'est bien. S'ils sont contre la vie éternelle : qu'ils meurent donc. Ils laisseront ainsi la place aux nouvelles générations qui, elles, accepteront avec

---

52 C'est un scénario selon lequel les plus anciens systèmes génétiques d'autoréplication (probablement de l'ARN, ou des molécules comparables comme des protéines particulières) sont devenus plus complexes et se sont enveloppés dans un sac lipidique pour aboutir aux « protobiontes » ou « progénotes » à l'origine des cellules, cet espace était riche en matières organiques et dépourvu d'oxygène libre. À l'intérieur de celui-ci, de petites molécules organiques telles que l'acide cyanhydrique (HCN) et le formaldéhyde (HCHO) se seraient formées dans l'atmosphère primitive puis dissoutes dans les océans. Cette théorie a été proposée par Oparin (1924) et Haldane (1929) qui considéraient alors l'atmosphère constituée de H_2 (hydrogène), CH_4 (méthane), CO_2 (dioxyde de carbone), CO (oxyde de carbone), NH_3 (ammoniac), N_2 (azote) et H_2O (vapeur d'eau). Elle revient à se poser la question du sens de l'évolution, et en même temps de l'apparition de la vie dans l'Univers. Selon Oparin, la première cellule serait sortie d'une **soupe primordiale**. cf. http://fr.wikipedia.org/wiki/Soupe_primordiale.

> enthousiasme le fait de pouvoir accéder à la vie éternelle grâce à la Science. Et qu'ils laissent ceux qui ne veulent pas mourir profiter de ces nouvelles possibilités. »[53]

L'Homme est devenu l'objet de manipulation parmi les plus excitants des sciences de la Nature. Il en est le plus essentiel ! Ayant été considéré aussi comme l'élément le plus sensible de ce qui est jugé sacré chez le vivant en général, il est paradoxalement aujourd'hui une mine de merveilles devant nourrir les fantasmes de la « biotechnologie de l'anticipation ». L'inné existe-t-il toujours en effet comme ce qui, chez l'Homme, relève de son patrimoine héréditaire intime et purement biologique ? L'on sait qu'aujourd'hui, avec la manipulation du génome humain, il serait possible d'agir sur la détermination des futurs caractères et facultés d'un homme « en projet », c'est-à-dire qui n'est pas encore né ?

Si rien n'est supposé, a priori, inné chez l'Homme, que serait alors le sens de son destin ? Mieux, avant la question du destin, comment doit-on définir l'Homme ? Sera-t-il un être en devenir ou un être a priori programmé ? Voilà des questions effrayantes qui commencent à avoir des débuts de « réponses » aporétiques et concrètes face à la « libéralisation » hypocrite et inconcertée des recherches sur les cellules souches embryonnaires. Lorsque les pays prennent sur eux des gages pour libéraliser le domaine des manipulations de laboratoires, alors que la question de l'harmonisation du droit à propos fait défaut, on ne saurait parler alors d'un quelconque respect de la personne humaine. On a l'impression qu'on « avance dans le brouillard »[54], pour reprendre la terminologie de Milan Kundera. On ne sait vraiment pas ce qui se manœuvre à l'autre côté de la barrière de la Raison.

La question du droit, au-delà de la permissivité grandissante vis-à-vis par exemple du prétexte « noble » des « Assistances Médicales à la Procréation » (AMP), se pose dans un rapport triplement complexe. Premièrement, la permission administrée par, à la fois, les instances médicales et étatiques locales (ministères de la Santé, communautés scientifiques, « comités éthiques », associations, chercheurs en médecine, etc.) et les comités régionaux ne fait point le poids face aux

---

[53] Raël Claude Vorilhon, *Oui au clonage humain*, Québec : Les Éditions Québec-Livres, 2001.

[54] *Les testaments Trahis*, Paris, Éd. Gallimard, 1993, p. 279.

intérêts restreints et égoïstes des États détenteurs de moyens et de rêve en ce sens. Ils ne tiennent point rigoureusement compte de la notion de transversalité des enjeux imposée par la mondialisation. Deuxièmement, il y a un manque manifeste de concertations assez larges des techniques médicales (dans leur phase théorique) avec toutes les autres sciences humaines (l'Histoire, la Sociologie, l'Anthropologie, etc.) dans les processus devant aboutir à la permission de certaines pratiques en question et relativement à la morale des sociétés. Troisièmement, la validation d'une pratique du genre (AMP) dans un pays n'engagerait en rien sa réversibilité dans une instance régionale autre. Si l'on en juge le principe de relativité des systèmes de valeurs et des croyances chez les peuples, aucun pays fort ne ratifierait de convention contraignante en ce domaine à cause des « intérêts » envisagés.

Mais, comme les pratiques et les politiques de sensibilisation et de propagandes qui les accompagnent s'internationalisent davantage, le choc des enjeux biotechnologiques, d'une part, et les malentendus entre les pays, d'autre part, s'inviteront au débat géopolitique et aux calculs géostratégiques. Cela n'est pas une prophétie moins encore une prédiction, il s'agit tout simplement d'une suite logique de la complexité croissante de la recherche sur le génome humain. Une complexité qui, malheureusement, contraste avec le manque de volonté universelle à sonner l'alarme et à prendre des mesures comme on l'a fait avec de grandes questions d'intérêt commun comme celle de l'Écologie et de la sécurité, notamment le réchauffement de la terre, la question du nucléaire ou celle du terrorisme international... Hervé Chneiweiss et Jean-Yves Nau précisent en ce sens que :

> « À l'échelon de la seule Union européenne, il n'existe aucune harmonisation des législations concernant le degré de protection à accorder à l'embryon humain conçu in vitro ou l'usage qui peut être fait des nouvelles techniques d'assistance à la procréation. On observe ainsi les prémices d'un tourisme « procréatif » tandis que certains — par charlatanisme ou délire — revendiquent la possibilité de créer des êtres humains à partir de la technique du clonage ; technique très largement condamnée à travers le monde, et que la communauté internationale semble pourtant impuissante à interdire. »[55]

[55] *Bioéthique : avis de tempêtes*, op. cit., pp. 11, 12.

L'anecdote du débat récent, en France, autour du « bébé médicament » témoigne évidemment jusqu'où certains praticiens peuvent aller dans leur aventure médicale. Le Pr Friedman raconte à propos des parents du « bébé médicament » : « *Selon le médecin, les parents risquant d'avoir des enfants jumeaux atteints de maladie le bétatalacécie, nécessitant une infusion sanguine tous les quinze jours, ce bébé — in vitro — « médicament » vient alors au monde en sauveur.* »[56], c'est-à-dire en les sauvant de ladite infection. Question : quelle sera la responsabilité future de cet enfant par rapport à cette phase de découverte ? Est-ce que cela n'ouvre pas la commercialisation de « bébé-potentiel médicament » ou « bébé-providentiel » ? Il s'en est suivi, le débat autour de la création de globules rouges à partir de cellules souches, toujours en France.

Il est temps de prendre sérieusement en considération la notion de responsabilité sur ces questions, à un niveau universel, à travers des concertations de gouvernements, comme on fait avec les questions de géopolitique et de sécurité au sein de l'ONU. Il est temps que le traitement des questions du genre dépasse les cadres périphériques des laboratoires et des cercles de discussions régionales. Cela doit susciter autant d'intérêts que les questions écologiques, par exemple ; lesquelles, par ailleurs, peuvent bénéficier du concours « positif » des biotechnologies. Celles-ci, comme aiment le chanter les inconditionnels de l'aventure scientifique, promettent de plus en plus l'invention de matières biodégradant. En ce sens, on va vers la « création » de substances bio-dégradantes (carburants, matières chimiques, électroménagères) plus naturelles et moins polluantes, disent-ils fièrement, pour remplacer progressivement tous les éléments nocifs à l'environnement !

Aujourd'hui, avec le rêve de beaucoup de personnes et de sectes au monde d'« améliorer l'Homme », pour parler un terme moins impropre et vulgaire, comparé aux mots inventer, transformer, etc., celui-ci n'est presque plus un être en devenir, mais plutôt un être en « construction apriorique », en amont, c'est-à-dire avant même sa naissance. Ce qui fait moralement peur alors c'est le fait que l'Homme devienne un objet banal comme tout autre objet de la Science. Déjà c'est le cas de l'embryon, avec tout le débat qu'il engage autour de

[56] Interview accordée à la chaine *France 24*, après le journal, de 20 h à 20h 19mn du vendredi 2 septembre 2011.

son statut, de son usage et de son destin après usage. Frédéric Salat-Baroux écrit à ce sujet :

> « On peut ainsi raisonnablement estimer que ce débat devrait porter notamment sur des sujets aussi essentiels que le sont des embryons congelés et abandonnés, l'organisation et le fonctionnement des activités d'assistance médicale à la procréation, de greffe ou d'autopsie, mais aussi très probablement des expérimentations sur l'embryon et du développement du diagnostic préimplantatoire, sujets brûlants par excellence. »[57]

Le fait que l'Homme veuille conquérir et surpasser les limites propres de sa réalité biologique est un principe à rechercher dans son for intérieur même, dans son être le plus profond. C'est une tendance à vouloir s'inscrire à un ordre « supérieur » qui le dépasse biologiquement et moralement, un ordre « transcendant » ou un « éternel recommencement ». Sans s'inscrire dans une utopie futuriste, quand on a la conscience d'être limité, il y a une façon de se donner l'impression de dépasser ses limites, c'est justement de s'inscrire à quelque chose d'illimité par notre volonté. Une volonté comme puissance, comme dirait Arthur Schopenhauer.

La volonté n'a pas de limites, ou tout au moins, elle n'a de limites que celles de la prétention du sujet. Cela est une façon chez certains philosophes de justifier le rapport de l'attachement de l'Homme à la foi religieuse, à l'aspiration métaphysique ou à « l'omnipotence » des sciences et techniques. Sous ce dernier rapport, la volonté peut être une faculté bien négative. Dans la sphère occidentale, la force de la volonté est souvent dangereusement affûtée par une montée impressionnante et constante des libertés individuelles. Lorsque ces dernières n'entretiennent pas un rapport équilibré voire de subordination avec les libertés collectives — au meilleur des cas —, l'intérêt commun n'a plus une grande valeur et reste soumis aux fantasmes de quelques individus égoïstes.

Les démocraties occidentales soutiennent majoritairement l'idée qu'il ne peut y avoir, au plan éthique, une définition ou une connaissance consensuelle du bien acceptable pour tous les individus. Cela est lié à la force excessive conférée à la liberté individuelle. À vrai dire, les libertés individuelles font et défont la plupart des éthiques de notre temps.

---

[57] *Les lois de bioéthique*, op., cit., p. 116.

Dans le cadre de la médecine, tout autant que dans les autres domaines de la vie, il y a une sorte de confrontation entre la déontologie et l'éthique. La première implique plus la volonté et la responsabilité individuelle du membre d'un corps professionnel [médical] tandis que la seconde implique davantage une communauté, un groupe. Ce que la déontologie permet, l'éthique peut-elle le bannir ? Sans forcément chercher une quelconque contradiction entre deux termes qui aspirent à ce qui semble le plus convenable, on note des conflits entre les espaces éthiques et ceux des libertés professionnelles de quelques corporations. Mais pour ne pas subordonner le mieux-être collectif à des aventures quasi personnelles, les pratiques techniques nouvelles doivent se soumettre à des valeurs largement consensuelles. En ce pari se situe l'une des plus grandes apories de notre temps.

Il y a une tendance à réduire la déontologie en une « technicité individuelle » ; cela se traduit par une sorte de déontologie « éclatée » et plus dépendante de la volonté du praticien que des lignes morales définies par la corporation. Jean Lombard met en évidence ce conflit de champs de valeurs et de références qu'il remonte à l'Antiquité :

> « Dès le début, la démarche éthique, conduisant à la prise de décision médicale ou orientant, de manière plus large, l'exercice de la médecine, laisse une place prédominante à la réflexion individuelle et à l'activité pensante du sujet, médecin ou patient, qui établit son jugement à partir du savoir disponible d'une part, des idéaux et des valeurs d'autre part. Rien n'est plus important que cette capacité de l'esprit à juger d'une situation et à lui réserver les suites qui conviennent. C'est sur la pratique des médecins égyptiens qu'Aristote s'appuie dans la Politique pour montrer que les règles établies à l'avance ne conduisent pas à des résultats comparables à ceux que l'esprit parvient à obtenir en appliquant les ressources dont il dispose aux circonstances particulières de l'action. Le même principe peut justifier tout autant la primauté de l'éthique sur la déontologie »[58].

Seulement, la différence entre l'antiquité et l'époque moderne ne se trouve pas dans le manque d'audace scientifique de la première par rapport à la deuxième. La Raison humaine a toujours voulu par

---

[58] *Éthique médicale et philosophie : l'apport de l'Antiquité*, Paris, L'Harmattan, 2009, p. 30.

curiosité scientifique franchir les barrières éthiques. Mais il faut situer la différence dans le niveau très élevé des technologies. Celles-ci ouvrent des portes inespérées pour les paradigmes classiques et traditionnels. Elles ne s'arrêtent pas là ; elles défient tous les cadres éthiques contemporains qui cherchent tant bien que mal à s'adapter. Leur adaptation est très utile, car elle permet entre autres le mouvement dans la réflexion sur la visée axiologique des technologies. Les comités éthiques favorisent un jugement plus positif en ce sens contrairement à celui porté sur les sciences sur une très longue période, c'est-à-dire du moyen-âge jusqu'au-delà les crises épistémologiques de la fin du XIXe siècle.

Dans un cadre restreint, l'Homme a tendance à avoir moins d'attirance envers l'éthique en tant que référentiel collectif. L'éthique est fondamentale, mais elle doit rester l'expression d'une aspiration individuelle. Son penchant s'incline plus vers son « intérêt » propre au lieu d'être équilibrée par la volonté collective d'où l'insistance à redéfinir le concept. Toute redéfinition exprime deux sentiments : le caractère désuet du sens et la volonté de mouvement réformateur. C'est pourquoi, dans bien des cas, la définition corrompt et brouille les pistes. Elle n'est pas forcément positive particulièrement quand on ne fait plus la part des choses entre les variables et les constantes. Les principes éthiques ne doivent jamais être placés dans le même rythme de changement que les possibilités techniques des praticiens.

De fait, l'Homme est un adepte du merveilleux. Mais cela ne traduit pas toujours un goût à satisfaire sa curiosité. L'inscription à ce qui le dépasse traduit aussi la conscience de sa misère. Des auteurs comme André Malraux et Hannah Arendt préfèreront parler de « la condition humaine » sous sa dimension ontologiquement complexe, d'un être « diminué et limité », mais capable de grandeur. Étant donné qu'il est, pour reprendre la logique heideggérienne[59], un être en permanente « déréliction »[60], acculé par l'incertitude de la mort, le sentiment d'être écrasé par le temps qui coule et l'onéreux effort pour

[59] cf. Jean Paul Sartre, *L'être et le Néant,* Paris : Éditions Gallimard, 1943.

[60] Selon André Lalande, la déréliction, tirée du latin *derelictio* (abandon)), désigne : « *État de l'homme jeté dans le monde, qui se sent abandonné à ses propres forces, sans lumière ni secours à attendre d'une puissance supérieure, à l'action ou même à l'existence de laquelle il ne croit plus. [...] il a surtout été employé par les existentialistes* », *Vocabulaire technique et critique de la philosophie.* », Paris, PUF/Quadrige, 1926, p. 217.

préserver sa santé portée par son autre ; l'Homme est livré à lui-même, c'est-à-dire à ses propres limites et faiblesses. Ces limites font paradoxalement sa force dans la mesure où c'est un sentiment qui le révolte et le prédispose à vouloir sortir des chantiers battus, hors de soi.

La déréliction n'a pas un rapport d'extériorité avec l'Homme, mais elle est sa marque constitutive. C'est pourquoi, la prévention médicale, tout comme les méthodes d'assistance à la procréation portent en elles des ambitions surhumaines, dont la réalisation constituerait un triomphe éternel de l'Homme sur lui-même. L'amélioration de la vie constitue, sous ce rapport, une tentative de « domestication » de la mort, car celle-ci est l'autre de l'éternité tout en étant un anéantissement absolu. La dimension limitée et incertaine de l'Homme constitue ainsi une source de sursaut qui nourrit souvent ses ambitions les plus surhumaines ; il s'agit peut-être d'une « force ». Renee-Pascale Provost écrit à propos de ce penchant humain :

> « (...) il s'exprime par des pulsions de combat ou de fuite, des sentiments, des émotions ; tel est le domaine du psychisme inférieur. Les maladies de l'humanité sont maintenant essentiellement engendrées par ce plan, appelé astral. L'évolution du monde fait naître des maux nouveaux, appelés névroses, toujours générateurs de craintes et d'anxiété. La peur de certaines maladies, comme celle de la mort, très répandue aujourd'hui, se situe là. L'aspect subjectif de l'être humain recherche une ouverture spirituelle, même si cela est d'abord inconscient ; [...] État de désarroi psychique, d'inquiétude profonde, qui bloque puis resserre l'individu ; là est la source des manifestations psychosomatiques. »[61]

Les nouvelles techniques biologiques prennent de plus en plus de place au détriment des psychothérapies dans « l'éradication » de l'anxiété liée à la « déréliction universelle ». Notre humanité souffre d'un mal-être qu'elle compte éradiquer grâce aux possibilités offertes par les biotechnologies. La rencontre avec un psychologue ou avec un psychiatre s'avèrera insensée lorsque, au plus profond de l'Homme, les prouesses en question chercheront à éliminer et transformer toute source d'aberration et de malformation négative et susceptible de produire une quelconque forme d'angoisse. Serions-nous dans une technomédecine prospective ? Oui, on y est déjà ! Les mots angoisse,

---

[61] *Revivre après la mort*, Paris, Éditions De Vecchi S. A., 1989, pp. 61, 61.

stress, déréliction, névrose, anxiété (etc.) ne doivent plus figurer dans le dictionnaire des générations futures qui sauront désormais abdiquer de leurs patrimoines génétiques tout ce qui enfreint au bonheur (?). On sera dans « le meilleur des mondes » où la psychologie n'aura plus de place.

L'angoisse ne pourra jamais quitter l'Homme, car elle est consubstantielle à ses conditions d'existence en tant qu'être limité. Nous croyons plutôt que ce sont les modalités de jugements et d'appréciations de l'angoisse qui vont être corrompues. En termes plus clairs, ce sont les systèmes qui seront désuets face à une humanité totalement gouvernée par les sens et rien que les sens. Les sensibilités orienteront et les seules barrières qui leur résisteront sont les systèmes de valeurs morales de quelques communautés soit religieuses soit traditionnelles soit naturalistes… On espère que, arrivée à ce stade post-humain, l'humanité aura le réflexe de redescendre la pente pour ressasser ses origines naturelles. On le souhaite.

L'intelligence humaine sera à un niveau tel que toutes les réformes — en termes d'amélioration — de systèmes éducatifs s'avèreront inutiles ; l'intelligence sera orientée avant la naissance, améliorée et améliorable, stimulée avant et entretenue après la mort biologique pour une prolongation technobiologique de la vie. Une pareille hypothèse est soutenue par une bonne partie des comités scientifiques futurologues. Le théoricien Marvin Minsky[62], très vulgaire dans son rêve post-humain, admet la servilité de l'intelligence humaine et considère l'Homme — par son caractère strictement biologique —, à peu près, comme « une vulgaire machine à améliorer ». Dominique Lecourt confesse :

> « C'est cependant à Marvin Minsky, qui a dirigé le programme du MIT en Intelligence artificielle, qu'on doit les formules les plus frappantes, les plus délibérément provocantes. Celui-ci adopte délibérément le point de vue de l'évolution. Le cerveau humain ? Ce n'est qu'une « machine-viande » (meat machine) ! Le corps humain ? « Un sacré foutoir de matière organique » (a bloody mess of organic matter) ! Ce qui importe dans l'homme, c'est l'esprit. « Serons-nous un jour en mesure de construire des machines intelligentes ? » Par principe : oui, parce que « nos cerveaux sont

[62] Marvin Lee Minsky (né le 9 août 1927) est un scientifique américain. Il travaille dans le domaine des sciences cognitives et de l'intelligence artificielle.

eux-mêmes des machines ». Minsky avance la formule maîtresse de la « symbiose entre l'homme et la machine, appelée à un grand succès. Mais il ne tient cette symbiose que pour une première étape. Des machines autonomes en naîtront sans doute dont on peut se demander si elles ne marqueront pas « un tournant dans l'évolution humaine. »[63]

Le vocabulaire biotechnologique dans son caractère vulgaire est progressif sans être à la hauteur de Minsky. Ce dernier dépasse les termes « synthétiques », « artificiels » qui permettent de réduire le choc dans la conscience collective pour qualifier le corps humain de « sacré foutoir de matière organique » et le cerveau de « machine-viande ». Une façon de banaliser l'Homme par une sorte de « cannibalisme » verbal. Le vocabulaire insolent est, à la suite de Minsky, devenu monnaie courante puis banalisé et presque normalisé. Oui, la banalisation est acceptable grâce à l'espoir d'une « future immortalité » portée sur les techniques.

Étant donné que l'Homme est sempiternellement excité par l'immortalité, pourquoi ne devrions-nous pas réorienter cette aspiration vers des dimensions sociales et morales plutôt que scientifiques ? Au lieu de chercher à se perpétrer à travers des machines et mécanismes mécaniques futuristes, l'humanité gagnerait à s'immortaliser par l'acceptation de sa condition mortelle et la préservation et la perpétuation de son espèce. La dignité humaine n'est pas antinomique à sa finitude. La mort n'est pas une catastrophe, mais plutôt une condition de notre existence.

[63] *Humain post humain*, op. , cit. , pp. 58, 59.

II.2.A. Du clonage thérapeutique au dépassement de l'euthanasie[64] : vers les solutions bactériologiques

> « De quel droit leur a-t-on volé la mort qu'ils voulaient partager ? [...] Nul médecin n'envisagerait d'aider à mourir un adolescent dépressif ; l'urgence, qui est ici psychiatrique, est de guérir [...] Mais celui qui souffre d'une maladie incurable et atroce, d'un handicap insurmontable, celui qui se sait voué à la démence ou à l'horreur, pourquoi s'il le demande expressément ne pas l'aider à mourir ? Et au nom de quoi, a fortiori, l'en empêcher ? »[65]

II.2.A. 1. Situations

Quel que soit le caractère inhumain porté sur l'Euthanasie, elle reste une pratique très présente, particulièrement dans les pays développés et avec une forte culture de consommation. Elle jouit de toute façon de soutiens émanent d'individus et de groupes peu soucieux de ce que les systèmes moraux traditionnels qualifient de dignité humaine. Énumérons les cas de quelque pays. La Chine et la Colombie ont, respectivement, en 1988 et en 1996, adopté des textes autorisant l'Euthanasie pour les malades en phase terminale et ayant exprimé la demande. Le Testament de vie (living will) est rendu légal dans quelques provinces du Canada et dans trois États australiens.

Aux États-Unis, depuis le mois décembre 1991, a été adoptée une loi fédérale (*The Patient Self-Determination Act*) octroyant aux malades la possibilité de décider des traitements qui leur sont appliqués. Dans quelques régions des États-Unis, le *nursing home patient directive* et le *living will* (testament de vie) donnent corps à ladite loi et permettent aux patients de choisir la façon de terminer leur vie, une fois qu'ils sont internés à l'hôpital. Cette large fenêtre aurait

---

[64] L'euthanasie — des mots grecs *euta(mort) natos(douce)* — signifie littéralement une mort « douce », une mort « agréable », une mort « bonne » puis d'une « éradication » tout simplement de celle-ci. Par extrapolation et par le contact avec les notions de droit, le terme connait des glissements : « bonne mort », « bon meurtre » ou encore « meurtre par compassion ». « *Ce rêve de « bonne mort » était devenu tabou. Tout récemment, le mot a même pris une connotation sinistre, évoquant les procédés nazis qui avaient pour but d'éliminer les handicapés (d'où la fabrication de l'orthographe euthanazie).* » Guillemette De Véricourt, *L'euthanasie : mieux mourir* ?, Toulouse, Les éditions Milan, 1999, p.3.

[65] André Comte-Sponville, « La mort volée », dans le magazine *Psychologies* de septembre 1998.

permis à beaucoup de médecins américains, peu orthodoxes, d'aider des patients à mourir dans des pratiques défiant toutes les morales.

On peut évoquer les cas des docteurs Jack Kevorkian et Timoty Quill. Le premier, anatomopathologiste, inventa des instruments qui permettent à ses patients de se donner la mort sans bouger de leurs lits. Il a aidé ainsi deux femmes à mourir le 23 octobre 1991 en leur attachant aux doigts des cordelettes liées audits instruments. Ses pratiques plongèrent l'Amérique dans la polémique et poussa le Congrès de l'État du Michigan à interdire à nouveau le « suicide assisté » en 1993. Quant au deuxième, Timoty Quill, il révéla dans le *Journal de médecine de la Nouvelle-Angleterre* du 7 mars 1991 avoir hâté la mort de sa patiente Diane (âgée de 45 ans et atteinte de leucémie de la moelle osseuse). Le médecin dit avoir obtenu les accords du mari et du fils de sa patiente.

L'État d'Orégon a revendiqué, en1998, le premier cas d'euthanasie légale. Cependant, le 26 juin 1997, la Cour suprême, à travers les neuf juges qui la composent, a rendu deux arrêts définitifs. Ils estimèrent à l'unanimité que « l'aide à mourir » n'est pas une liberté fondamentale et qu'il faudrait faire la part des choses entre « laisser mourir » et « faire mourir ».

Le clonage et l'Euthanasie sont en effet au cœur des débats contemporains. Ils sont connus universellement, mais leurs pratiques sont réglementées suivant les spécificités socioculturelles et économiques des régions du monde. La règlementation commence par une phase de régionalisation au Danemark, en Suisse, en Allemagne, en Hollande, aux USA et aux Pays-Bas. Mais, malgré les restrictions, des allégements constitutionnels sont toujours en cours pour situer les pratiques d'Euthanasie entre les principes de droit, de liberté et de morale. Aux Pays-Bas, il y a une dépénalisation partielle de l'Euthanasie. Dans les autres pays de l'Europe, les pratiques se situent plus entre « guerre » de vocabulaire interposée (meurtre par compassion, suicide assisté, bon meurtre, suicide médicalement assisté, aide active à mourir…) et clandestinité. Le clonage tout comme l'Euthanasie s'y inscrivent dans la parfaite clandestinité :

> « Depuis 1992, les médecins hollandais sont les seuls en Europe à pouvoir, dans certains cas, abréger la vie par compassion, sans

recourir à la clandestinité. Ils doivent agir sous leur responsabilité et justifier ensuite leur acte devant les magistrats du parquet. »[66]

Avec l'application d'une loi dépénalisant en 1992, en Hollande, les actes d'euthanasie ont augmenté de 33% entre 1990 et 1995. Elle comptait, en 1995, 3600 cas pour une population de 15 millions d'habitants. Seuls deux médecins ont été mis en cause.

Pour lever de prime abord toute équivoque relativement à la question de son utilité, nous reconnaissons l'existence de plusieurs types de clonage à but purement curatif. Ce que nous voulons au juste soumettre à notre analyse ce sont ses aspects les plus complexes aujourd'hui mis en œuvre et les craintes et les interrogations qu'ils soulèvent. En effet, mettons plus l'accent sur le clonage reproductif. Mais d'abord qu'est-ce que le clonage ? De l'avis de Mohsin Ibrahim :

> « Le clonage est la technique qui consiste à reproduire le duplicata génétique d'un organisme. Un clone est par conséquent le descendant asexué d'un seul individu. Depuis le clonage réussi de la brebis Dolly en 1997, les scientifiques pensent que le clonage humain deviendra lui aussi une réalité dans un avenir peu lointain. »[67]

Le clonage reproductif suscite, au-delà de ses succès sur le plan de l'agriculture et da la médecine, des inquiétudes, car il s'oriente de plus en plus vers la « modification » de l'Homme lui-même. Une sorte de « révolte » des cellules s'impose ouvrant ainsi une porte qui met l'homme devant toutes les folies et tous les dangers possibles. Ce qui est plus en question, c'est bien la cellule souche. La problématique de la culture des cellules souches.

Les cellules souches constituent pour la médecine prospective ce qu'on appelle les thérapies du futur. Les cellules souches permettent aujourd'hui par thérapie cellulaire, en biologie médicale, de soigner des maladies jusques là incurables comme la maladie d'Alzheimer, la maladie de parkinson, les traumatismes de la moelle osseuse, les crises cardiaques ou cérébrales, les brûlures, le diabète, etc.

Toutefois, étant donné que la procuration des cellules souches n'est possible qu'à partir de trois voies : l'embryon humain, le cordon ombilical du nouveau-né et l'embryon surnuméraire créé par

---

[66] Ibid., p.20.

[67] *Greffe d'organes, Euthanasie et Clonage*, Lyon, Éditions Tawhid, 2003, p. 115.

fécondation *in vitro* et abandonné. Paradoxalement, la seule question déjà du statut de l'embryon (sacré ou simple élément biologique ?) pose déjà un problème éthique. Car la question qu'on se pose moralement est : peut-on manipuler l'organisme humain (vivant) en vue de « découvrir » une chose de « plus-humaine » ou d'« extrahumaine », du moment où ce dernier est sacré — au regard de la religion — ? L'embryon, de ce point de vue ne doit pas être destiné à autre chose d'au-delà de ce que la nature le dispose. Selon Axel Kanl, quand on parle de l'embryon, il s'agit :

> « (...) d'un organisme en voie de développement, depuis son stade unicellulaire jusqu'à la réalisation d'une forme capable de vie autonome. Chez l'homme, l'habitude a été prise d'appeler fœtus les embryons de plus de trois mois. »[68]

Peut-on permettre alors aux chercheurs de considérer l'embryon comme un simple « matériel » de laboratoire ? N'y a-t-il pas là un mépris de la source originelle sacrée de l'Homme ? Le clonage humain se pose d'emblée comme un horizon de tous les dangers puisqu'il placera l'humanité face à de nouvelles monstruosités et face à de nouveaux problèmes sociaux, moraux, philosophiques, etc. Prenons l'exemple de la tentative avortée de cloner la cellule d'une jeune femme américaine du nom de Carrie Pots. Cette dernière est morte, suite à un accident et sa mère proposa le prélèvement de son cœur non abîmé et le clonage de sa cellule. Les vagues de polémiques et de protestations ont empêché les scientifiques de réaliser ce rêve. Il s'est posé un réel problème éthique. Des questions complexes furent soulevées par les gens opposés à ce projet. Carrie a laissé derrière elle une fillette. Parmi les questions soulevées : si le clonage est réalisé, quel serait le rapport biologique entre le clone de Carrie Pots et sa propre fille ? Autrement dit, le clone (identique à Carrie) sera-t-il la « sœur biologique » de la fillette ou sa « maman » ? Quel sera le statut social du clone ?

Si l'on répond par la première proposition, ce serait caduc, car le lien parental ici n'est pas biologique et naturel (par voie de procréation). Et, si l'on appuie la deuxième proposition, cela reviendrait à dire qu'il est possible pour la fillette d'être née avant sa maman « déductive » (le clone). Tout cela est absurde. Ensuite, quelle sera la part du clone dans le partage de l'héritage (par exemple) ? Le

---

[68] « Le clonage », in *La pensée*, Paris, n°330 avril/juin, 2002, p. 76.

clone jouira-t-il d'une affection maternelle ? Toutes ces questions sont des apories, c'est-à-dire des questions sans réponses. Ces questions suscitent en nous des frayeurs. Mais face à nos inquiétudes, nous affirmons simplement la mise en garde de Laurent Ségalat :

> « Se cloner soi-même afin d'être immortel ! Tel est le but du clonage qui arrive en tête des applications possibles lorsque l'on interroge le public. Chaque être humain, parvenu à un certain âge s'interroge sur sa descendance, qu'elle soit encore virtuelle ou déjà réalisée. Cette interrogation est liée à l'idée de la mort, qui nous hante. Jusqu'à présent, la nature a contraint l'homme à s'apparier pour enfanter, excluant par ce fait la possibilité qu'un enfant soit totalement identique à l'un de ses parents. »[69]

II.2.A. 2. La civilisation de l'utopie

Hier, le clonage a permis le quasi-dépassement progressif des greffes d'organes dans le cadre de la médecine régénérative. Rappelons que les trois types de greffes dominants de l'avis de Woodruff[70] sont : les autogreffes, les homogreffes ou allogreffes et les hétérogreffes. Le premier type consiste à prélever et greffer sur le même individu un organe ou un tissu. Quant au deuxième, il s'agit de greffe d'organes entre membres d'une même espèce, qu'il s'agisse d'êtres humains ou d'animaux. Enfin, le troisième type de greffe consiste à faire la pratique entre animaux et êtres humains. Ces pratiques, comme nous l'avons souligné, vont bientôt être dépassées au profit d'autres choix plus révolutionnaires. Mieux, dans les rêves des scientifiques émerveillés par les prouesses biotechnologiques, le clonage va permettre, d'une part, l'usage de moins en moins de ces formes traditionnelles de greffes et l'éradication effective de l'euthanasie, d'autre part.

Le génie qui doit autoriser l'espoir de dépasser l'euthanasie par une conservation de la vie et surtout par la « création » de « nouveaux » organismes hybrides c'est la création d'éléments synthétiques tels que la cellule synthétique unicellulaire. Ces « nouveaux » organismes découleront de métissage d'éléments pas forcément compatibles.

---

[69] *La fabrique de l'Homme : pourquoi le clonage humain est inévitable*, Paris, Bovin Éditeur, 2008, p. 57.

[70] M.F.A Woodruff, "The Ethics of Organ Transplantation" In Biology and Ethics (Débats du colloque qui s'est tenu à la Royal Geographical Society à Londres les 26 et le 27 septembre 1968) Ed. E.J. Ebling, London Academic Press, 1969, pp. 86, 98.

Autrement dit les risques de rejet ou d'aberration seront nuls. Par exemple l'on envisage aujourd'hui le cumul entre la lumière invisible, l'usage des bactéries et la technologie de pointe pour mettre en œuvre de nouveaux corps. La nanotechnologie[71] entrevoit des médicaments bactériologiques, microscopiques qui pourront par téléguidage assurer des fonctions précises dans l'organe d'une personne malade ; et il y a l'idée de construire, avec des micro-instruments invisibles à l'œil nu, des corps-bactériologique-techniques qui permettront probablement, une fois introduits dans le corps humain, d'éradiquer l'irréparable. Compte tenu d'une telle perspective, pourquoi ne devrait-on pas s'attendre à la fin de l'euthanasie ?

La biologie synthétique crée des bactéries qui peuvent avoir un rôle écologique utile certes, mais, dans le schéma de la méthode expérimentale de cette science, l'hypothèse (en tant qu'étape primordiale de l'expérimentation) est davantage remplacée par une autre faculté biologiquement plus magique que rationnelle : l'imagination. Le clonage des bactéries et des microbes risque ainsi d'être plus aventureux que celui de l'Homme. Pour le cas de l'Homme, un cas de clone poserait surtout problème à son environnement immédiat tel que la famille ou de façon plus générale la société, tandis que, pour le cas des microbes leur transformation peut être dans un but multiple : écologique, médicale, militaire, etc. Du moins, pour le clone humain, des esprits malveillants envisagent déjà d'en faire des cobayes dans d'éventuelles guerres du futur, baptisées « guerres des clones ». D'autres rêvent d'en faire de véritables cultivateurs infatigables.

Dans le cadre de la biotechnologie synthétique, on peut rappeler l'une des premières expériences de création de la cellule synthétique unicellulaire par le groupe de l'américain Craig Venter qui s'est inspiré de sa prouesse d'avoir fait la séquence synthétique de l'ADN et de l'ARN. Le 26 juin 2000, le président américain Bill Clinton présida la conférence de presse pour apprécier les prouesses du groupe de Craig. L'idée « novatrice », soulignée en marge de cette conférence était, dit-on allègrement, la possibilité de créer de nouvelles industries écolos et de nouvelles énergies[72].

---

[71] Technique qui consiste à travailler sur des échelles d'atomes et de molécules mille fois plus petits que le globule blanc.

[72] Réf. Canal Horizon TV / discovery science / emission: "creatinng synthétic life" du 10/06/2013 à 9h GMT.

À la suite, pour démontrer l'attachement de l'autorité américaine à ces aventures onéreuses, l'administration Bush permit la publication des travaux du groupe, mais sous le contrôle d'un comité spécial (comme pour persuader d'un souci éthique ?!). Peut-être qu'il y a des choses qui doivent rester top secret ! À quelles fins ? (!) Sans doute, ce n'est pas seulement à des fins sociales, médicales, écologiques ou industrielles. Particulièrement, il y a d'autres idées : changer notre manière de voyager dans l'espace, la réalisation de certaines prophéties, la création d'armes ultras modernes et qui dépassent l'imagination humaine… ? Déjà, l'usage criminel des armes à base de laser par (entre autres) les agents secrets américains contre les « terroristes » en dit long sur l'aboutissement plus que probable des applications des technologies des pointes aux inventions biologiques.

L'aventure ne s'arrête pas là, car, ayant obtenu la bénédiction et le parrainage des autorités politiques, en mars 2010, le groupe de Grec, en collaboration avec des laboratoires de microbiologistes, a fini de créer l'ARN totalement synthétique. Le 20 MAI 2010, le groupe présenta son rapport final en conférence de presse. Vu l'usage solitaire et permissif de ces pratiques sans de réelles garanties concertantes, on a envie de demander : qui en réglementera l'usage ? Qui l'utilisera ? Avec qui partage-t-on ce savoir polyvalent et magique ? Des idées « nobles » fusent de partout pour calmer les esprits inquiets. Certains brandissent l'espoir d'une solution écologique, tandis que d'autres envisagent, avec l'invention de bactéries ou la manipulation de microbes, la création d'hydrogènes comme carburant ou l'invention tout simplement de nouveaux carburants plus écolos.

Il y a un autre groupe « d'adeptes » inconditionnels de l'aventure qui essaye de décourager les défenseurs des exigences éthiques appliquées à la recherche en question. Soit-il les traites de manque d'ambitions pour le progrès scientifique soit d'alarmisme qui freine le sens de l'initiative. Dominique Lecourt écrit à ce propos :

> « Aux bio-catastrophistes qui nous invitent à nous ressaisir devant l'imminence de la fin du monde, on a tout le moins de la fin de l'humanité, et qui nous demandent de retrouver nos repères moraux avant qu'il ne soit trop tard, des ingénieurs opposent des vues sur l'avenir qui se révèlent d'une tonalité opposée, utopiste et optimiste. Depuis plusieurs décennies aux États-Unis, les milieux industriels qui ont promu les nouvelles technologies de l'information et de la communication (NTIC) ont en effet accompagné leurs investissements d'ouvrages, d'articles et de

> communications (sur Internet) qui en donnent la philosophie. Parmi eux figurent nombre de ceux qui ont donné l'élan à la « révolution » technologique des années 1980. En quelques années, nos modes d'être et de penser s'en sont trouvées bouleversés ; ils donnent dans ces textes les arguments de leur conviction quant à l'avenir de ce mouvement. Ce qui est frappant, c'est que le vocabulaire du salut et de la vie éternelle s'y est imposé dès les premiers pas encore très abstraits de l'Intelligence artificielle. »[73]

Les secrets des cellules souches et du clonage doivent nous conduire vers le dépassement de toutes formes de maintien médical désespéré des malades à la vie ; un maintien dont leurs vies dépendent. Cela nous ramène à la question de l'Euthanasie. Toutes les imaginations susceptibles de permettre, par couplage, la robotisation des fonctions biologiques les plus complexes sont en train d'être testées pour l'entretien et le maintien des patients désespérés. Est-ce que c'est dans l'optique de trouver enfin une solution à la fameuse et hypothétique pratique de l'euthanasie ? La réponse peut être oui, mais, dans ce cas, il faudrait aussi préciser que vaincre l'euthanasie ne serait qu'une étape dans l'élan du rêve de l'éradication pure et simple de la mort.

Le jeu de cache-cache avec la mort commence — peut-être — avec la recherche pour la prolongation de l'espérance de vie et se poursuit avec la recherche possible d'une « mort douce, paisible ». Mais, entre ces deux « processus », une étape très philosophique est tentée par les « négociateurs avec la mort » en biomédecine. Un espace de droit est en train de naître, car les nouvelles pratiques exigent de nouveaux concepts au détriment des catégories morales traditionnelles. Le droit cherche à s'adapter aux aspirations démesurées, il suffit d'avoir toujours des inconditionnels pour promulguer des lois.

S'agit-il, en attendant de révolutionner la mort, de tisser avec elle une certaine « amitié », une « familiarité », ou, tout au moins, une « philosophie de la joie » face à la mort, pour parler comme les épicuriens ? Toute une industrie se développe entre les compétences pratiques des médecins opérant dans les salles d'urgence et cette extrémité qu'est la mort pour calmer l'angoisse permanente face à une mort quasi certaine. Renee-Pascale Provost écrit :

---

[73] *Humain post humain*, op., cit., p. 57.

> « Après s'être beaucoup intéressé au « bien vivre », il y a actuellement, partout dans le monde, la recherche d'une certaine qualité de la mort. De nombreux livres, séminaires, stages divers sont axés sur ce sujet, ils s'intéressent à une autre phase de la vie : celle de la fin d'un parcours. La maladie et la souffrance sont considérées, à juste titre, comme une dysharmonie, la phase terminale étant une partie essentielle, très souvent révélatrice de la vraie vie sur les plans intérieurs. Il y a là une éthique nouvelle et même une recherche théorique sur ce que l'on nomme « les beaux accompagnements », selon les termes du professeur R. Zittoun qui s'est spécialisé dans cette démarche. »[74]

Ballotée entre débat éthique, déontologie, liberté et souffrance, l'euthanasie est le plus parfait réquisitoire contre les adeptes de « l'immortalité de l'Homme », au sens où ils y voient un échec contre l'espoir. Par ailleurs, le patient, lui, véritable centre de la souffrance est sujet à un dilemme où il est victime et partie à la fois, sans avoir vraiment le choix ou le souci d'une démarche éthique. De la fin (qui est la mort) à la fin tragique que propose l'Euthanasie, la victime n'est vouée qu'à une fin, et rien d'autre ! En réalité, elle ne choisit pas, elle est entre deux contraintes cruelles.

Ceux-là que la question de l'euthanasie intrigue tant, les malades désespérés, n'hésitent jamais à soutenir les probables promesses fantastiques et « supra-mort » des biotechnologies en la matière quitte à transgresser les règles en vigueur. Un espace de non-droit est entretenu entre la volonté du mourant et l'audace des médecins et spécialistes. L'espace de non-droit en question ne sert pas seulement de prétexte aux médecins clandestins, il reste un terreau fertile pour les lobbies plaidant des droits humains démesurés au nom, comme ils le disent, de la liberté de mourir.

Mais, pour rendre caduques toutes les barrières de droit s'inspirant des valeurs traditionnelles et des religions monothéistes, il fallait, pour nos sociétés, libérer progressivement le jugement de la mort des jougs des orthodoxies traditionnelles pour en faire une réalité purement technique. Les prouesses technologiques ne donnent pas seulement de nouveaux espaces de droit, elles légitiment et fabriquent une civilisation technique universelle. De l'avis de Pierre Boitte :

> « La grande différence contemporaine dans ce combat plurimillénaire provient du passage progressif d'une situation

[74] *Revivre après la mort*, Paris, Éditions De Vecchi, 1989, p. 63.

> d'apprivoisement symbolique de la mort à une situation d'anéantissement symbolique de cette même mort. D'une ossature symbolique, visant à produire du sens — y compris à propos d'un phénomène aussi dépourvu de sens que la mort — nous sommes passés à une ossature très largement technologique, cherchant à maîtriser, de manière rationnelle, le tout de la vie, nature aussi bien qu'humain. Le sens s'est en quelque sorte évaporé, résorbé dans les représentations créées par notre univers technologique. »[75]

Les mutations du droit partent toujours d'une « caducité » déclarée des acquis traditionnels. Elles traversent ensuite une clandestinité pour valoir à la suite de référence. Le mouvement en soi n'est pas répréhensible, mais la clandestinité demeure le maître mot avec ses lots de paradoxes. Vu le rythme des changements, il faut s'attendre à une autonomie des espaces de droit « scientifiques » par rapport aux cadres généraux du droit public. L'autonomisation pourra être motivée par deux leviers forts : la force financière et le trafic d'influence. Et pour convaincre les masses sociales qui doivent suivre, l'on invoque toujours le mot espoir. On le sait l'espoir reste un fondement solide et une dimension de la vie humaine.

Les thérapies du futur non plus ne cessent de promettre l'éradication de ce que les prouesses d'aujourd'hui ne permettent pas encore d'apaiser ! Mais, en attendant la réalisation des promesses, d'aucuns revendiquent le « droit à la mort ». Le droit à écourter la souffrance ! Le plaidoyer assez fort de Simonne Fabien, au compte de ceux qui veulent « jouir » de leur mort, sonne ainsi comme une acceptation de capitulation lorsque le choix s'impose entre la mort et la souffrance :

> « Vos pratiques, messieurs, nous volent notre mort ! À l'avance, je vous demande de respecter la mienne. Si mon destin ou la fatalité ne s'y opposent pas, je veux la vivre ! Votre rôle est de m'aider à vivre, et non pas de me contraindre à « survivre », du moment que la mort est là, et que vous le savez. »[76]

À l'idée controversée de donner le signal pour accéder à la mort par la pratique d'une euthanasie se greffe une autre qui n'en est pas la

---

[75] Pierre Boitte, Bruno Cadoré, Dominique Jacquemin, Sergio Zorilla, *Pour une bioéthique clinique*, Villeneuve-d'Ascq, Presse Universitaire du Septentrion, 2002, p. 45-46.

[76] *Messieurs les médecins rendez nous notre mort*, Paris, Albin Michel, 1975, p. 7.

moins complexe : la définition de la mort. Qu'est-ce que la mort avant de l'accepter ou de la refuser ? Selon Léon Schwartzenberg :

> « La définition de la mort a changé à travers les siècles. On en a donné une définition biologique (quand toutes les fonctions vitales s'arrêtent), théologique (le moment où l'âme quitte le corps), légale (quand un jugement vous a éliminé des registres). Il y a aussi la définition du fossoyeur (quand le corps repose en terre). Et puis la simple mort des hommes, celle qui fait qu'on a disparu à jamais de la mémoire de ceux qui vous aimaient. La seule immortalité, c'est de continuer à vivre dans la tête et le cœur d'un autre. Aujourd'hui, on a mis au point une définition médicale : la mort survient à l'instant où la conscience perdue ne pourra plus renaître. Lorsque les plumes de l'électro-encéphalogramme ne tracent plus que des lignes droites. Perdus, les accidents électriques qui témoignaient de la vie de l'esprit. »[77]

Au-delà de son caractère philosophique et médical, la définition de la mort est d'autant plus légitime qu'elle conditionne la conservation, le retrait et l'efficacité de quelques organes dans les cas de greffes d'organes. L'une étant liée à l'autre, la mort porte l'espoir d'une greffe pour sauver urgemment une autre vie. Dans ce cas de figure, un énorme dilemme assomme, une fois de plus, la morale humaine : doit-on déclarer, chez un parent « bienfaiteur », d'être dans les dispositions d'offrir un organe quelconque de son enfant mourant ou en autoriser l'extraction pendant qu'il est encore vivant ? Le besoin pressant d'un don d'organe rend plus hypothétique ce cas de figure, car, de toute façon, il n'y a rien d'humain dans le fait d'amputer un malade d'un membre ou d'un organe lorsqu'il n'est pas encore passé de vie à trépas. Lorsqu'on ne s'entend même pas sur le sens à donner à son vrai état, amputer la personne n'est-il pas un acte d'usurpation ? Léon Schwartzenberg dédramatise l'offre en vidant la mort de tout contenu moral :

> « À la famille de celui dont le cerveau est mort, mais qui respire encore, que le médecin dit mort, mais dont le cœur bat encore, que la loi va déclarer mort, mais dont le sang circule encore, on sait mal expliquer que cette vie qu'on voit cependant n'est plus la sienne, que ce n'est plus celle d'un homme, mais d'une plante. La famille voudrait tant pouvoir garder cette belle plante de dix-huit

[77] Léon Schwartzenberg & Pierre Viansson-Ponté, *Changer la mort*, Paris, Éditions Albin Michel, 1977, p. 219.

ans qui vient d'être renversée par une voiture. Et pourtant, c'est aussi le meilleur âge pour le don d'organes… Comment peut-on à la fois s'extasier devant le sacrifice de parents d'enfants débiles qui maintiennent sur terre une petite bête baveuse et éternelle infantile, et refuser de comprendre les parents qui voudraient garder plus longtemps un végétal humain ? Et le soi-disant respect des corps ? Si l'on peut vraiment amputer un corps de son cœur, de ses reins, de son foie, un corps au cerveau déjà écrasé, alors à quoi bon les cimetières, à quoi bon garder le reste ? Quelques os et du muscle ! À quoi bon l'enterrer ? Pourquoi tous ces espaces verts perdus : un petit sachet de cendres suffirait. Que ceux qui n'ont jamais enterré des gens qu'ils aimaient jettent la pierre à ces malheureux parents qui veulent conserver intact le corps de l'enfant qu'ils ont mis au monde et qu'ils ont aimé. »[78]

Mais la grande question demeure : quoi faire du choix du malade qui a perdu l'aptitude d'en exprimer un ? L'acte d'octroyer un droit traduit en même temps une privation de droit. En ce sens, les problèmes éthiques restent entiers.

II.2.B. Des mères porteuses aux machines porteuses : « plaidoyer » pour le dépassement de la procréation naturelle.

Il y a un autre problème au cœur des avancées biomédicales : le phénomène de « mère porteuse » déjà expérimenté en Europe. Au-delà des questions éthiques, philosophiques, sociales, économiques, etc., qu'il engendre, il pose un enjeu triple au regard de la médecine : l'éventuelle « possibilité » de maîtriser la reproduction humaine en termes, la possibilité de substituer la « voie naturelle » de la procréation par d'autres, « médicales », et le dépassement de certains obstacles chez un couple (stérilité, maladies, etc.). Par une voie « libre » et détournée au nom du « principe » d'« assistance médicale à la procréation »[79], les hommes se trouvent davantage face à plusieurs choix. Libre parce qu'elle engage le choix d'un individu ou d'un couple. Mais une voie où l'homme — né de ce processus — ne sera pas libre de ne pas chercher, à la suite, une identité nouvelle pour se

[78] Ibid. , pp. 219, 220.

[79] Pratiques cliniques et biologiques permettant la conception *in vitro*, le transfert d'embryon et l'insémination artificielle, et toute technique d'effet équivalent aboutissant à la procréation en dehors du processus naturel.

donner un sens (social, psychologique) et une raison de se considérer toujours homme pour rester dans le cercle des humains. Cette question soulève, elle aussi, beaucoup de paradoxes aux plans moral, social et philosophique en Europe[80].

Il est déjà possible, depuis longtemps, chez un couple, soit de faire porter sa « semence » (ovule fécondé, fœtus) à une autre femme qui, au terme de la grossesse sera rémunérée, soit — chez la femme — « prêter » son utérus à un autre couple demandeur pour « l'insémination » d'un (ou plusieurs) embryon obtenu par fécondation *in vitro* à partir des ovocytes et spermatozoïdes de celui-ci. Le phénomène des « mères porteuses » connaît beaucoup de formes et demeure une pratique ancienne. Selon Frédéric Salat-Baroux :

> « Au début des années 1980, les premières associations visant à promouvoir le recours à la maternité de substitution sont apparues aux États-Unis. En France, la première association de ce type s'est créée en 1983. À partir de 1985, le recours à la maternité de substitution en France s'est fait grâce à trois protagonistes principaux : l'association Sainte-Sarah regroupant les couples stériles, l'association Les Cigognes regroupant des mères porteuses, et l'association Alma Mater, émanation du Centre d'étude de la fécondation et de la reproduction qui assurait le support médical de l'opération. Il est assez difficile d'évaluer le nombre des naissances issues de mères porteuses. Le Journal international de médecine évaluait dès le milieu des années 1980 à 6000 le nombre des naissances par maternité de substitution aux États-Unis. En France, une évaluation précise semble difficile, mais, selon le dictionnaire permanent bioéthique biotechnologies, le nombre de naissances par maternité de substitution devrait dépasser la centaine. »[81]

Très tôt, ces pratiques suscitent la convoitise chez les puissances occidentales qui sont obligées de les faire accompagner de lois afin « d'encadrer » et de prévoir toute velléité. À côté du souci de préserver les barrières éthiques et morales des communautés, les politiques résistent difficilement aux envies individuelles de populations de plus en plus poussées vers la soif de jouir de tous leurs

---

[80] Pour les considérations purement juridiques sur la question. cf. *Les lois de bioéthique* de Frédéric Salat-Baroux.

[81] *Les lois de bioéthique*, Éditions Dalloz, Op. , cit. , pp. 32, 33.

droits, y compris celui de disposer de leur corps, de leur vie et de leur progéniture. Là, commence de nouvelles formes de « socialisations ». La France et les États-Unis restent des pionniers dans cette nouvelle ère de recomposition et de remodelage des structures sociales et professionnelles.

Mais une telle activité est en train d'être dépassée aujourd'hui. Deux phases s'annoncent dans la folie humaine de la conquête du non-sens. Pour la première, il est question maintenant de « confier » les grossesses à des *machines porteuses*, lesquels instruments pourront désormais être placés en dehors des laboratoires. Et pourquoi pas dans les salons des maisons, tels des objets décoratifs ? La création d'« *utérus artificiel* »[82] est en effet un défi pour dépasser la logique traditionnelle de procréation puis celles des « mères porteuses » et des « AMP » ; on n'a plus forcément besoin de l'organe sexuel féminin pour réaliser la grossesse. Helen Hung Ching Liu, du laboratoire d'endocrinologie reproductive de l'université Cornella (États-Unis), a beaucoup théorisé sur cet « utérus artificiel » notamment son utilité avant de tenter son expérimentation sur des embryons humains non viables.

Elle a tenté la « gestation » et la « grossesse artificielle » tout en invitant à la dissociation entre procréation et sexualité : des schèmes qui pourront désormais être séparés. Elle recevra beaucoup de menaces de mort à la suite. En réalité, les menaces de mort dont elle a été victime sont plus suscitées par son paradigme nouveau de « dissociation entre procréation et sexualité » que par ses pratiques de laboratoire en tant que telles. Mais, elle n'est ni la première ni la seule personne à emprunter cette voie.

À Los Angeles, des laboratoires « vendent » déjà des bébés depuis leur phase embryonnaire par « fertilisation in vitro ». Ils les « vendent » à celui qui veut en avoir. Ils les appellent aussi des « enfants parfaits », car l'intéressé — demandeur — pourra, une fois dans le laboratoire, porter son choix sur le sexe, la couleur des yeux et de la peau, les cheveux ; les médecins procéderont à la pratique de « diagnostic préimplantatoire » afin de réaliser cette demande. Des commandes sont faites. Après « livraison » commerciale du « bébé », le demandeur paye à peu près 30 000 dollars.

---

[82] Ce concept a été inventé par le généticien britannique J.B.S. Haldane en 1923. Il a été repris par Aldous Huxley dans son livre, *Le meilleur des mondes* (1932).

Ainsi, dans le passage d'une « mère porteuse » à une « machine porteuse », une femme pourra, à tout moment de la journée, regarder son fœtus à travers les verres et, si de besoin, lui faire une surveillance et observer sa progression. Cette folle possibilité nous fait vraiment peur, car nous nous posons la question de savoir : est-ce que l'enfant qui « sortira, plus tard, des verres ou des boites » aura le même rapport normal et affectueux avec sa mère « passive », avec son entourage ? Ensuite, lorsqu'on le compare à l'enfant qui naît de façon normale, sera-t-il du rang des tarés ou de celui des « supra-humains » ? Cette question n'en est qu'une, et la moins complexe peut être, parmi n questions que suscitent de pareilles « utopies » possibles aujourd'hui. Emmanuel Hirsch s'inquiète à ce sujet :

> « Des milliers d'enfants ont déjà vu le jour dans ces conditions exceptionnelles et quelques fois limite. Ils se portent fort bien, nous dit-on, pour l'immense majorité d'entre eux, quoique personne aujourd'hui ne puisse prédire la réalité de leur vie à venir (ou celle de leurs descendants) ni si elle doit, d'une manière ou d'une autre, se différencier de celle d'enfants conçus plus « naturellement ». Seul le temps confirmera l'absolue bénignité de ces pratiques, au plan physiologique comme psychologique. Pour l'instant, les dérapages et cafouillages sont cependant loin d'être exclus : gémellité inattendue, parfois naissance de triplés, de quadruplés. Ou encore, présence de fœtus en trop grand nombre pour être viables, possibilité de naissance d'enfants atteints de handicaps sévères parmi d'autres, en bonne santé. »[83]

Déjà, en Europe, certaines personnes étant nées de ce processus-là sont anxieuses de ne pouvoir identifier leur origine paternelle clairement et se voient ridicules d'être « procrées » à partir d'un spermatozoïde qui vient de « nulle part », parce que le propriétaire est inconnu suivant les restrictions de lois imposant l'anonymat sur le donneur. Dans bien d'autres cas, le donneur peut être connu par la famille restreinte : le père et la mère. Pour d'autres, parce qu'il s'est agi seulement « d'acheter » un « produit » au laboratoire ou à la « boutique fœtale » ou à la « banque » de spermatozoïdes et d'organes ou par don ou donation simple puis l'installé dans la matrice d'une femme « porteuse », la pratique ne peut être que le fruit de l'égoïsme des parents adoptifs.

---

[83] *L'éthique au cœur des soins, un itinéraire philosophique,* Op., cit., pp. 196, 197.

Pourquoi les femmes veulent-elles avoir des enfants ? Question traditionnelle certes, mais sa réponse ne s'inscrit pas forcément dans un paradigme psychoanthropologique relatif à la féminité ou à la famille ou à l'instinct de perpétuation de l'espèce humaine. C'est pourquoi Dominique Bellaïche-Attal s'inquiète des vraies raisons de l'acharnement des femmes vers les nouvelles pratiques :

> « Pourquoi des femmes se soumettent-elles à des techniques d'assistance médicale à la procréation (AMP) et tout particulièrement de fécondation in vitro, technique lourde de répercussions physiques et psychiques ? Pourquoi poursuivent-elles encore et encore ? Que demandent-elles au juste ? »[84]

Il soupçonne ainsi l'existence de nouvelles raisons d'avoir des enfants qui sortiraient des habitudes vieilles et traditionnelles.

Toutes les personnes ayant pour origine lesdites pratiques finiront par constituer des « communautés nouvelles » pour revendiquer, éventuellement, une « légitimité » à être reconnu dans les schèmes et structures socioculturels et moraux de leurs sociétés respectives. Bien entendu, des associations du genre existent déjà. Peut-être ! Cela ne rendrait-il pas plus audacieuses et téméraires les manipulations en question ? Bien sûr que oui, car ces lobbies installeront, dans le grand cadre de ce que les sociétés contemporaines qualifient vaguement de « liberté », des instances juridiques favorables à leurs nouvelles « espace social » et revendicatif. Le spermatozoïde est devenu, à la fois, une icône et un « sésame banalisé » par des pratiques relatives au trafic, au transfert et au don hasardeux.

Cette technique est connue de longue date ; alors que l'insémination artificielle avec sperme du conjoint ou d'un donneur [extérieur au couple] était vigoureusement condamnée dans la seconde moitié du XIXe siècle par différents courants religieux et autorités médicales face à la publicité de résultats fallacieux de surcroit et provocateurs. Et pourtant, il existait déjà en 1973 — en guise d'exemple — une structure de référence pour ces pratiques en question : le CECOS (Centre d'Étude et de Conservation des Œufs et du Sperme humains). Le CECOS est une unité fonctionnelle du *Laboratoire de médecine et de biologie de la reproduction* des

---

84 « Quelle maîtrise de la procréation ? » In *Journal Français de Psychiatrie : Clinique, Scientifique et Psychanalyse*, n°20 (L'aide médicale à la procréation : Enjeux et controverses), Éditions Érès, 2003, p. 4.

Hospices Civils de Lyon. Le CECOS est installé dans la faculté de médecine Grande-Blanche située en face de l'hôpital Édouard-Herriot. Au plan social, d'autres enfants — nés de manipulations en question — se donnent aujourd'hui l'obligation de porter et d'apporter toute leur affection à la « maman porteuse » — mère porteuse ou au donneur masculin — dans le cas de l'insémination artificielle avec donneur — plutôt qu'à leurs mères « biologiques supposées » jugées égoïstes.

Mais le jugement des caractères des enfants nés de fécondation *in vitro* ou d'insémination artificielle avec donneur n'est pas forcément négatif de l'avis des sujets à ces pratiques. Il devrait être relativisé pour chaque cas individuel, selon Jean-Loup Clément. Il raconte l'histoire émouvante de LAETITIA M. — parmi d'autres exemples — lorsque ses « parents » lui révèlent ses vraies origines (Insémination Artificielle avec Donneur). M. Clément écrit :

> « Elle a été très surprise parce qu'elle n'avait rien imaginé à partir du secret qu'elle ressentait. Après l'avoir sue, elle s'est aperçue de beaucoup de détails tels que le fait d'être blonde que son frère et elle sont grands et leurs parents sont petits. Elle se souvient que ses parents se sentaient « gênés » quand elle posait des questions. Laetitia M. tente de dire que c'est elle qui a provoqué cette levée du secret sur sa conception, libérant ainsi ses parents d'un élément de leur histoire personnelle concernant leurs enfants qu'ils n'arriveraient pas à leur formuler directement. Sur la question de l'IAD, Laetitia M. pense que c'est peut-être utile pour les couples où le mari est stérile, mais elle ne « trouve pas ça naturel » et si elle était confrontée à la même situation que sa mère, elle ne choisirait pas cette solution. Elle ajoute même que c'est « dangereux » pour l'enfant. Toutefois, elle a été soulagée de cette information, car elle ne s'entend pas du tout avec son père. Elle s'est trouvée « plutôt libérée », mais pense maintenant que c'était lié au fait qu'il n'est pas son « père biologique ». […] Laetitia M. se décrit comme une enfant assez angoissée dans la famille et plus libérée à l'extérieur ; elle souffrait de maux de tête intempestifs et à souvent consulté des médecins. »[85]

Ils considèrent, d'une part, que la première (mère porteuse), nonobstant le fait que leur rapport soit fondé primordialement sur un

[85] Jean-Loup Clément, *Mon père c'est mon père, l'histoire singulière des enfants conçus par Insémination Artificielle avec Donneur*, Paris, L'Harmattan, 2006, pp. 140, 141.

contrat d'argent et pas forcément affectueux, a tout de même assumé l'acte de « porter » dans sa matrice l'enfant qu'ils ont « procréé » — un rôle qu'aurait accepté toute mère affectueuse. Cette personne porteuse mérite plus l'amour du nouveau-né d'un point de vue purement psychoaffectif. D'autre part, avec la deuxième [qui refuse de porter pour des raisons indépendantes], la « jalousie » vis-à-vis de son propre corps — pour ne pas supporter une charge comme la grossesse — et l'oubli et la dévalorisation du lien multiple avec le fœtus l'auront, de façon égoïste, amenée à s'éloigner tôt d'un « enfant à naître ». La rancune des enfants nés grâce aux prouesses cumulées des techniques biologiques et médicales n'est pas seulement dirigée contre leurs « parents » ayant décidé de leur trouver un destin (de naissance) particulier. Par rapport à la majorité des hommes, elle n'épargne pas les autres enfants d'une même famille qui sont nés de façon « normale », par voie de procréation avec grossesse. Dans le cas des IAD (insémination artificielle avec donneur), on ne rencontre pas moins de problèmes.

Tous ces problèmes, dysfonctionnements et interrogations à caractère, à la fois, social, psychologique, biologique, moral, éthique et philosophique sont très présents aujourd'hui en Occident, particulièrement, parce que c'est là-bas où les pratiques sont plus notées. En tout cas, ce sont des pratiques qui ne sont pas encore très présentes en Afrique, du moins, ne sont pas bien connues. Et c'est heureux, car elles signeraient et impliqueraient de très grands bouleversements des cadres sociaux africains très attachés à la famille et à la procréation naturelle et en même temps à leurs sociologies.

Pour revenir sur l'exemple de femmes qui se sont fait « inséminées » un spermatozoïde, « acheté » ou offert, et avec une origine inconnue, nous avons envie de faire une analyse assez amusante et inquiétante en nous posant la question : est-ce qu'il ne s'agit pas, avec leur pratique, d'une nouvelle façon de pratiquer la fornication ou l'adultère, selon le cas, d'un point de vue religieux ? Une telle question est légitime, car, dans le domaine religieux, la procréation se fait dans le cadre déterminé du mariage entre deux individus bien identifiés. Pour le cas des fécondations *in vitro* engageant un « partenaire » donneur (en dehors du mariage), il s'agit d'une relation extra mariage, mais pas physique, d'où le paradoxe (religieux) avec ces pratiques « nouvelles », comparées à la longévité des textes religieux monothéistes révélés.

Les manipulations biomédicales dans les espaces culturelles sont un sujet sensible et plein de conflits. Si le droit positif et les lois validées ça et là par les pays qui y voient leur intérêt technoéconomique corroborent la logique dominante de libéralisation, il ne serait pas évident que les systèmes de valeurs locales — plus restreintes — accepteraient certaines pratiques en revanche. L'exemple du Sénégal en ce qui concerne l'AMP (assistance médicale à la procréation) reste un cas d'école, car, au-delà du semblant consensus populaire, des groupes s'organisent de façon disparate afin de sauvegarder les valeurs qui passent pour eux comme inaliénables.

On assiste ainsi à de nouveaux resserrements et radicalisation autour des cercles de pratiques culturelles à cause de la libéralisation radicale des schèmes moraux de la procréation. Depuis plus de six mois au Sénégal, un autre débat — à peu près — du même genre se pose : « l'autorisation de l'avortement médicalisé pour les femmes violées ». Mais le bémol consiste à se demander si la brèche ne risque pas de semer la « sexualité désorganisée ». La facture culturelle occupe une place grave et inquiétante et nous permet de passer à la deuxième phase qui sort totalement du cadre biologique de la spécificité féminine concernant l'acte de donner vie.

Des mouvements ont pris le « gouffre » du dépassement de la procréation naturelle pour aller vers une mise en apostrophe de la liaison entre la libéralisation de la procréation et celle du genre féminin. Les femmes ne doivent plus être désignées pour assurer ce rôle traditionnel, les hommes aussi doivent porter les grossesses ; il ne doit plus s'agir de question de genre. En clair, il s'agit en bonne et due forme de l'effacement du rôle figé des sexes dans l'aboutissement de la procréation tantôt subordonné à la souffrance : la femme doit être libérée de toute souffrance et de toute contrainte ! Il ne s'agit plus d'acquis naturel, mais le sexe et tous les « profits » qu'il offre doivent désormais être des choix techniques indépendamment du statut de genre et pour y parvenir le corps doit être vidé de toute essence sacrée. Pour Donatien Mallet :

> « En effet, depuis le XIXe siècle, la médecine occidentale s'est structurée sur un référentiel scientifique l'orientant vers l'interprétation de la plainte dans un registre bio-physico-chimique, l'objectivation du corps, la lutte contre un processus jugé morbide par une réponse technique. Cette option a permis l'extraordinaire développement de son efficacité. Mais il existe comme une sorte de rançon à ce succès méthodologique. Son socle technoscien-

tifique la focalise à l'excès sur une lecture réductrice de la souffrance humaine. Face à un flot croissant de demandes, s'enracinant dans des difficultés certes physiques, mais aussi psychologiques, sociales, voire philosophiques ou spirituelles étroitement entrelacées, la médecine risque de se positionner dans un registre de réponse, sur une modalité technique et opérationnelle. »[86]

L'idéologie du « *Gender* », traduite au fond par l'aspiration au dépassement des sexes différenciés, à la transsexualité sauvage et absolue, est portée aujourd'hui par des mouvements et lobbies divers (homosexuels, transsexuels, monoparental, féministes, etc.). Elle nourrit des rêves technoapocalyptiques de technoprophéties diaboliques qui doivent se concrétiser grâce à l'assouplissement des espaces de droit au profit d'un « non-droit généralisé ». La mondialisation de lobbies par les canaux de médias crée une banalisation des limites sexuelles relatives au genre, ce qui nous place face à un non-sens puisque la perpétuation naturelle et historique même de l'espèce humaine se trouve désormais dans une impasse. Beatriz Preciado dénonce l'impasse sexuelle à laquelle s'expose notre humanité :

> « La transformation du capitalisme entraîne une mutation du régime sexuel. Si nous prêtons attention aux signes de technification et d'informatisation du genre qui émergent à partir de la Seconde Guerre mondiale, nous pouvons même affirmer que l'hétérosexualité est appelée à disparaître un jour. De fait, elle est en train de disparaître. Commencera alors l'ère postsexuelle, effet secondaire de la machine pharmacoporno. Ce qui ne signifie pas qu'il n'y aura plus de relations sexuelles entre biohommes et biofemmes, mais que les conditions de la production sexuelle (production des corps et des plaisirs) sont en train de changer drastiquement, et qu'elles deviennent sans cesse plus semblables à la production des corps et des plaisirs déviants, soumises aux mêmes régulations pharmacopornographiques. Autrement dit, toutes les formes de sexualité et de production du plaisir, toutes les économies libidinales et biopolitiques sont sujettes aux mêmes technologies moléculaires et numériques de production du sexe, du genre et de la sexualité. Le parc technovivant dont nous faisons partie n'est pas un tout cohérent et intégré. Les deux pôles de

[86] Donatien Mallet, *Pratiques soignantes et dépénalisation de l'euthanasie*, Paris, L'Harmattan, 2012, pp. 33, 34.

l'industrie pharmacopornographique (pharmaco et porno) fonctionnent davantage en opposition qu'en convergence. »[87]

Finalement, la « merveille » des « machines porteuses » à venir n'est pas simplement une technique nouvelle révolutionnaire, elle annonce une métamorphose de l'espèce humaine vers une phase intermédiaire inconnue. Mais, ce qui sera encore plus époustouflant c'est la nécessité de redéfinition des cadres nouvelles des valeurs socioculturelles pour une humanité qui aura fini de se vider de son concept « humain » fondateur (?!). Les revendications féministes débordantes, la technification extrême de « l'économie du sexe » et l'absolutisme du mot « liberté » nous y mènent avec une vitesse incroyable.

II.3. BIOTECHNOLOGIE ET PRATIQUES BIOMÉDICALES : LES « NOUVEAUX RACISMES », « LES NOUVELLES HUMANITÉS »

II.3.A. Agir sur le patrimoine génétique (ADN) pour renforcer les facultés d'un « futur homme »

> « Les biotechnologies doivent l'essentiel des progrès qu'elles ont accomplis aux connaissances accumulées par la biologie moléculaire depuis la découverte de la structure en double hélice de l'ADN en 1953 par Francis Crick, James Watson et Maurice Wilkins, ainsi qu'aux techniques de l'ingénierie génétique mises au point vingt ans plus tard par purification et union *in vitro* de fragments de cet ADN (transgénèse). Il faut ajouter que la puissance exponentiellement accrue, pendant la même période, des moyens informatiques de calcul, de modélisation et de simulation a grandement contribué à ces progrès. »[88]

« *Embryon, ADN : de nouvelles icônes.* »[89]

Aboutir à une humanité nouvelle : c'est l'une des utopies pour ne pas dire les rêves de certains scientifiques « assoiffés de découvertes ». L'un des rêves inavoués de quelques hommes consiste à

---

[87] Beatriz Preciado, *Testo Junkie: sexe, drogue et biopolitique*, Trad. de l'espagnol par l'auteur, Paris, Éditions Grasset, 2008, pp. 112, 113.

[88] Dominique Lecourt, *Humain Post Humain*, op., cit., p. 17.

[89] Hervé Chneiweiss et Jean-Yves Nau, *Bioéthique : avis de tempêtes*, op., cit., p. 32.

chercher les voies pour « faire » « l'Homme nouveau ». Au-delà des réalisations de ce qu'on appelle, dans le jargon des spécialistes des améliorations « biotechnologiques » des robots, les « hominoïdes[90] », aujourd'hui des processus scientifiques sont testés (sans secret) dans le but de pouvoir faire le choix de ce que sera un enfant qui n'est pas encore né ; la ligne des déterminismes physique et biologique est sur le point d'être dépassée. La possibilité de choix de la couleur des yeux, de la force physique, des goûts et de l'intelligence du bébé implique une nouvelle définition de la vie. Le rêve de transformation des galaxies en de nouveaux sites de logements entre dans cet élan : franchir les limites physiques pour aménager un nouveau cadre de vie à un homme nouveau.

C'est comme qui dirait l'élimination du terme destin, mieux, son remplacement par un déterminisme scientifique nouveau. Cela pose la question de l'amélioration de l'Homme, mais une question qui cache un autre désir plus fou : la réalisation de l'immortalité de l'Homme. Mais, il ne faut pas seulement donner au terme « immortalité » le sens d'une « éternité », car il peut supposer une « transmutation » ou une « sédimentation » complexe de l'Homme dans des compositions biomicrobiennes déjà hybrides. D'aucuns envisagent des monstruosités qui n'existent pour le moment que dans les films de science-fiction.

À travers l'acharnement de notre humanité à éradiquer « totalement » les maladies, à prolonger l'espérance de vie, et à côté de pratiques cliniques déjà possibles, à but médical ou esthétique telles l'élimination de certains cancers, le rajeunissement et la régénération des cellules de la peau, les « remodelages » des seins et des fesses, bref à insister sur le clonage biologique de l'Homme, il faut voir un certain désir inavoué d'immortalité. L'une des énigmes caractéristiques de la vie humaine reste la mort. Elle est le point d'interrogation fondamental de la vie et non pas simplement son anéantissement. Elle n'est pas seulement une énigme, mais un horizon fatal et une marque éloquente de la faiblesse humaine qu'on doit repousser par tous les moyens et espoirs.

---

[90] Ils sont des prototypes qui ressemblent à l'identique à leurs concepteurs. Les pièces constitutives des hominoïdes sont dans des phases complexes d'amélioration : on couvre leurs « corps » de matières très semblables à la peau humaine. Idem pour leurs « cheveux ».

C'est justement l'aveu fondamental de faiblesse face à « l'abime inexplicable » qu'est la mort, qui explique, pour une grande part, toute la « prophétie du dépassement des limites » de ceux-là que Dominique Lecourt appelle les « technoprophètes »[91]; et l'un de leurs espoirs essentiels dans cette odyssée biotechnologique c'est toutes les attentes qu'on fait porter aux prouesses de l'ADN. Hervé Chneiweiss et Jean-Yves Nau soulignent le caractère doublement complexe de l'ADN qui s'ouvre sur le « rêve » d'un homme « améliorable ». Ils affirment en ce sens que :

> « Certains biologistes moléculaires – et tout particulièrement deux des découvreurs de la structure de la structure de l'ADN, Francis Crick et James Watson – se sont parfois laissés aller à proférer des allégations scientifiques annonçant le développement d'un bricolage génétique qui éviterait non seulement des maladies dramatiques, mais qui « amélioreraient » également les enfants à naître. »[92]

Les productions scientifiques ont été accompagnées, il faut le souligner, par une production littéraire fastidieuse surtout dans le cadre du « genre » qu'on appelle « la littérature de l'anticipation ». En ce sens, l'un des romans de l'anticipation qui ont beaucoup marqué notre conscience est celui d'Aldous Huxley intitulé *Le meilleur des mondes*[93] où l'auteur, à travers une formidable mise en scène, nous révèle l'avènement d'une ère affreuse « post-humaine » dans laquelle toutes les structures de l'ADN ne seront que des données informatisées permettant aux laboratoires de fabrication de « bébés-hommes » [*Centre d'incubation et de conditionnement de Londres-Central,* dans le roman] de satisfaire des commandes. Il prédit l'avènement de castes supérieures et inférieures dans un *État mondial.* De façon détaillée et selon le choix de la couleur des yeux, de la taille, de la longueur des cheveux, de l'intelligence, du sexe les comportements sociaux et les fonctions sont prédéterminés.

Cinq catégories à savoir les Alpha (élite dirigeante), les Bêta (travailleurs), les Gamma (classe moyenne et populaire, vêtue de vert), les Delta (vêtus de kaki, petits et laids, conçus pour faire les petites tâches manuelles) et les Epsilons (vêtus de noir, petits et laids, conçus

---

[91] cf. *Humain Post Humain*, Paris, PUF, 2003.

[92] *Bioéthique: avis de tempêtes*, op., cit., p. 34.

[93] *Le meilleur des mondes*, Trad. Jules Castier, Paris, Plon, 1932.

pour faire les petites tâches manuelles). Ces deux dernières classes sont les castes inférieures. On assistera à une vraie industrialisation de la société où les pauvres et les faibles n'auront pas de place. Quand est-ce que les « comportements sociaux » seront choisis dans les laboratoires ?! Huxley développe un procédé opératoire de formatage des esprits par le biais d'une pratique qu'il appelle « *conditionnement hypnopédique* » pour répondre à cette question.

Une fois que ces paliers seront atteints totalement, parlerons-nous alors d'humanité ou plutôt d'une chose autre, innommable ? Sera-t-il souhaitable que l'on parvienne à programmer (contrôler) les comportements sociaux à partir des laboratoires comme l'envisage Aldous Huxley ? Qu'adviendra-t-il de la socialisation des peuples, du moment que les structures sociales « traditionnelles » sont totalement désintégrées et révolues ? On sera vraiment à l'ère des hybrides. Tous les progrès des sciences biotechnologiques militent pour cette éventualité. Le recul axiologique permanemment orchestré par celle-ci se manifeste en même temps comme une « *défaite de la Raison* »[94]. La relecture de l'œuvre d'Huxley et sa réactualisation sont plus qu'intéressante au regard de phénomènes actuels de nos sociétés : la migration excessive, la propagation des crimes racismes, les nouvelles formes de blocages des frontières, la récurrence des débats identitaires, etc.

La Raison humaine semble être confinée aujourd'hui dans un destin éminemment scientiste. La « raison scientiste » en question, au lieu de considérer le champ axiologique comme un espace de grandeur où se bonifie le genre humain et se mettre en question, considère celui-ci plutôt comme l'autre de la raison épistémologique, un frein à l'avancée des sciences. Pour cela, les courants défenseurs des valeurs éthiques sont aujourd'hui caricaturés et mis dans le pseudonyme « biocatastrophisme ».

L'ambition fantastique des scientifiques est « d'inventer » à la mesure de ce que la biotechnologie synthétique, et ses variables par ailleurs permettent de rêver. Que de bricolages ! Du biologique à la manipulation microbienne passant par le synthétique, les prouesses de l'ADN ou d'ARN en soi, dans leur manipulation interne complexe, ne font plus le point le plus culminant des merveilles ; mieux, l'idée géniale est de voir maintenant comment les coupler, de l'extérieur, à

[94] Formule d'Alain Finkielkraut.

n'importe quel corps susceptible d'engendrer ainsi une « vie » : appelons la « création de vie synthétique » ou de « cellule synthétique » comme le font audacieusement les « spécialistes ».

La Science a déjà fini de « créer » les deux bases fondamentales de l'ARN. De la conviction de Dominique Lecourt :

> « L'argument des arguments peut aisément se formuler ainsi : ce que l'expansion des biotechnologies nous promet pour demain n'a rien d'humain. Ce qui se profile dès maintenant à l'horizon, ce n'est pas le « surhomme » dont Friedrich Nietzsche en son temps annonçait fiévreusement la venue, porteur d'une transmutation de toutes les valeurs [...]. C'est bien plutôt d'une « posthumanité » que notre humanité scientifique et technologique serait en voie d'accoucher. Une « posthumanité » qui verrait, à brève échéance, nous dit-on, notre espèce engloutie, détruite par ses propres efforts pour dominer la planète. »[95]

La « création » d'organismes synthétique inspire d'autres projets de bricolage de corps complexes dont le prétexte fondamental demeure toujours la promesse de l'invention de « nouvelles » vies, de nouvelles sources d'énergie et de carburants palliant les catastrophes écologiques en cours. À partir de l'ADN synthétique, on envisage déjà la création de nouvelles « énergies microbiennes ». Mais, il faut s'arrêter sur le mode d'usage nouveau des microbes dans les perspectives biotechnologiques. La bonne et simple raison est que l'on veuille donner de nouvelles fonctions, de nouvelles responsabilités, de nouvelles facultés, pourquoi pas des facultés intelligentes, aux microbes. Elles en ont déjà, mais ce n'est pas suffisant !

L'avenir des microbes dans les prouesses de la biotechnologie dépend des modes de clonages auxquels ils sont soumis. Alors, comment peut-on coupler les microbes et quelles en seront les conséquences, une fois que les pratiques s'appliquent à des échelles assez grandes ? Il y a une création de microbes à but multiples : médical, chimique, criminel, écologique, etc. Mais, lorsqu'ils sont utilisés dans une logique de couplage avec les ADN et autres cellules et corps synthétiques, l'enjeu devient plus impressionnant parce qu'on n'est plus dans le cadre d'une recherche « mesurable » !

En attendant que l'ADN, l'ARN, les microbes et les corps synthétiques parviennent à conduire vers les horizons de

---

[95] *Humain Post Humain*, op. , cit. , pp. 2, 3.

l'immortalité, des scientifiques espèrent mettre en œuvre une pratique sur les corps des « malchanceux », qui sont morts avant l'atteinte de l'objectif ultime en question : il s'agit de les *cliogéniser*, c'est-à-dire de conserver — par clio-conservation — leurs corps suivant des processus biologiques, techniques et chimiques susceptibles de recevoir une seconde fois la vie dans une continuité ultérieure. Autrement dit, congeler biologiquement des corps en attendant que la médecine trouve la « solution » médicale à la mort qui permettra de les « ressusciter » et de les soigner pour qu'ils continuent à vivre.

Voilà justement l'eldorado qui fascine et inquiète autant qu'il appâte de gros investisseurs, soucieux d'une « suprématie » et d'une « aventure unique », prêts à y mettre de considérables sommes d'argent. Étant conscients des revenus énormes que peuvent régénérer les succès de laboratoires et l'intérêt que les politiques et les lobbies militaires portent aux découvertes en question, la ruée vers les prouesses met en rage les scientifiques-volontaires. La tendance commerciale de « création » d'une vie synthétique « creation of synthetic life » devient un « marché scientifique » très prisé dans beaucoup de pays, particulièrement les États-Unis. Rappelons le son de cloche très politique donné par Barak Obama avec la subvention considérable apportée aux recherches sur les cellules souches embryonnaires.

Toutefois, ce qu'on ne maîtrise pas toujours, en dehors des problèmes de sécurité, c'est toutes les fins pour lesquelles ces découvertes sont en train d'être visées. Pour ce qui est du principe éthique de respect de l'inviolabilité de la vie des gens, qui peut garantir aujourd'hui son effectivité ? Même dans les pays où les comités éthiques siègent aux côtés des cercles scientifiques, la garantie n'est pas totale. Au contraire, les pays industrialisés ne cessent d'élargir les espaces de liberté sous la poussée de la consommation. Les pratiques de laboratoires assez énigmatiques deviennent alors des produits de consommation. De la même manière que l'administration américaine se permette de violer l'intimité de millions d'Américains, contre leur gré, grâce aux mises sur écoutes ou sous surveillance par satellites (par la CIA), aux drones et aux autres robots, qu'est-ce qui nous garantit qu'ils ne font pas autant avec, cette fois-ci, des êtres biomicrobiens synthétiques, au-delà du peuple américain ? ARN pour certains est l'ancêtre de l'ADN : retrouvailles entre la chimie et la biologie : remonter à « la soupe initiale ».

II.3.B. Un eugénisme[96] « communautaire » de type nouveau : réhabilitation d'Hitler et de Gobineau

Nonobstant l'existence de législations sur les formes d'eugénismes, les risques seraient sérieux, dès lors que la médecine et la génétique permettent aujourd'hui d'agir sur le génome humain. Se fondant sur le même argument, d'autres aventuriers cherchent pourtant à assouvir leur fantasme narcissique de « s'améliorer » un jour ou de le « faire » au nom de leur race ou de leur communauté. L'idée ne date pas d'aujourd'hui. Déjà, le frère de Charles Darwin, Francis Galton, développait le projet d'appliquer sur une grande échelle l'eugénisme. Trente et un (31) États américains ont adapté des lois du genre, à propos de l'idée « d'amélioration de l'homme » avant de les abandonner avec la découverte de l'eugénisme et de ces inconvénients.

Nous ne sommes plus dans la probabilité, mais plutôt dans de nouvelles possibilités et projections impressionnantes des sciences (dites du futur) à « orienter » et à « destiner » le processus biologique ou génétique afin de « choisir » tout ce que l'ADN déterminait dans le plus grand secret de son cheminement. Tout fonctionne par un banal jeu de manipulation. Pour cela, les mesures restrictives, au lieu de tracer des limites, se cantonneront désormais à accompagner et, peut-être, à « recadrer », au nom des libertés, la foire de merveilles en ce sens. En guise de preuve, de l'avis de Frédéric Salat-Baroux, pourtant :

> « La loi du 29 juillet 1994 a introduit dans le Code civil un nouvel article 16-4 qui dispose que nul ne peut porter atteinte à l'intégrité de l'espèce humaine. Toute pratique eugénique tendant à l'organisation de la sélection des personnes est interdite. Sans préjudice des recherches tendant à la prévention et au traitement des maladies génétiques, aucune transformation ne peut être apportée aux caractères génétiques dans le but de modifier la descendance de la personne. »[97]

Le manque de maîtrise de l'évolution, à la fois du droit et des pratiques de laboratoire, pourrait promouvoir le « retour » des formes

---

[96] « *Ensemble des méthodes qui visent à améliorer le patrimoine génétique de groupes humains; théorie qui préconise leur application* », *Le Petit Larousse*, Paris : Larousse, 1994, p. 413.

[97] *Les lois de bioéthique,* op. cit., pp. 17, 18.

d'eugénismes sanguinaires. Qu'il s'agisse de l'eugénisme modus Adolf Hitler[98] ou du racisme ethnoanthropocentrique modus operandi Comte Joseph Arthur de Gobineau[99], ils trouvent tous leur source dans l'idéologie eurocentrique. De Hegel à Herbert en passant par Spencer Houston, Stewart Chamberlain et Charles Darwin, les nouveaux Hitler et Gobineau des temps post-mondialisation peuvent être plus dangereux que ces figures fabuleuses de l'Histoire. Après tout, les moyens techniques et propagandistes sont plus colossaux à notre époque ! Du champ scientifique théorique au terrain politique pratique, les risques de glissement sont plus nombreux aujourd'hui à cause de deux facteurs spécifiques : le boom de la communication et la superpuissance des biotechnologies.

Mais, avec les canaux de médias contrôlés par des conglomérations de structures affiliées aux oligarchies et Méga-États, cette fois-ci, la « légitimation » au nom des enjeux communautaires au sein des États se transformerait en règle. Rien n'autorise le rejet catégorique d'une telle hypothèse avec l'escalade du racisme et de la xénophobie ! En termes plus clairs, les enjeux visés ouvertement par un État dominé par des extrémistes ou par un parti *ultra* peuvent permettre [qui sait ?] de justifier certaines autarcies qui finiront par éveiller le sentiment

---

[98]Adolf Hitler est né le 20 avril 1889 à Braunau am Inn en Autriche-Hongrie (actuelle Autriche). Il meurt, par suicide, le 30 avril 1945 à Berlin. Il est un dirigeant politique allemand, fondateur et figure centrale du nazisme, instaurateur de la dictature totalitaire désignée sous le nom de Troisième Reich (1933-1945). Chef du Parti national-socialiste des travailleurs allemands (NSDAP), il devient chancelier le30 janvier 1933. Il portait le double titre de *Führer* (guide) *et chancelier du Reich.* Sa politique impérialiste, antislave, antisémite et raciste est à l'origine du volet européen de la Seconde Guerre mondiale et en fait le responsable de crimes de guerre et crimes contre l'humanité ayant causé plusieurs dizaines de millions de victimes, crimes dont la Shoah reste le plus marquant.

[99] Joseph Arthur de Gobineau, dit le comte de Gobineau, né le14 juillet 1816 à Ville-d'Avray et mort le 13 octobre 1882 à Turin, est un diplomate et écrivain français. Il doit sa notoriété posthume à son *Essai sur l'inégalité des races humaines* (1853-1855), qui le range parmi les pères de l'Anthropologie raciste. À propos du « nègre », Gobineau écrit : « *La variété mélanienne est la humble et gît au bas de l'échelle. Le caractère d'animalité empreint dans la forme de son bassin lui impose sa destinée, dès l'instant de la conception [...]. Si ces facultés pensantes sont médiocres ou même nulles, il possède dans le désir, et par suite dans la volonté, une intensité souvent terrible* » *Essai sur l'inégalité des races humaines*, Paris, Filmin-Didot, 1940, p. 214.

« collectif » de xénophobie vis-à-vis des autres. Le même sentiment peut conduire à « l'épuration ethnique ou religieuse », comme ce fut respectivement le cas au Rwanda et en Centre-Afrique. Ce sentiment, malheureusement, recommence à faire son nid dans la volonté exclusive de formation de blocs chez les nouvelles entités d'États. N'oublions jamais que l'eugénisme hitlérien avait eu deux fondements : politique et idéologie.

L'autre raison c'est que le discours raciste mobilise davantage à cause de la « peur » d'être envahis par les *vagues d'émigrants* ; une peur fabriquée, exploitée et répandue par des politiciens extrémistes et avides d'électorat. Mais, dans la tentative avouée de la détermination d'une « identité », là aussi se trouve notre étonnement. Comment définir l'identité d'une « communauté politique » ? Déjà le terme communauté, à l'usage aujourd'hui, est lié étymologiquement à une charge de croyances. Doit-on alors seulement se référer à son histoire pour définir son identité ? L'histoire européenne est-elle homogène ? Tire-t-elle son authenticité de l'histoire stricte de l'Europe occidentale ou a-t-elle été inspirée par d'autres civilisations gréco-romaines plus dynamiques et brillantes ?

L'Union européenne peut servir d'exemple dans le paradoxe de la question de l'identité. Par le « motif » culturel fondamental et erroné de son refus de l'intégration de la Turquie, surgit la complexité de définir une identité collective pour des entités d'États hétérogènes. Ensuite, par l'affirmation des éventuelles modalités de la définition de « l'identité » — assez vague — exigée par la France, l'UE traduit symboliquement un communautarisme de type primaire. En ajoutant à ces exemples la recrudescence des épurations ethniques et des guerres tribales en Afrique et les crimes racistes et xénophobes dont sont souvent victimes les émigrés et les noirs en Europe et aux États-Unis, sans oublier la stigmatisation des minorités et la poussée de l'islamophobie, il y a vraiment de quoi s'inquiéter !

La pertinence du rapport entre le phénomène biotechnologique et ce que nous venons de décrire se trouve dans le sujet de méditation suivant. Lorsque, dans un futur proche, les peuples auront assumé leur autonomie et leur attachement à libéraliser la course aux prouesses des biotechnologiques — à l'instar des États-Unis — et à revendiquer des intérêts en ce sens, ne seraient-ils pas alors dans la « légitimité » géostratégique d'utiliser tout ce que leur génie biotechnologique leur offre afin de garantir leur hégémonie ? Justement, fort de cette

« évidence », il serait chimérique de ne pas envisager le retour en force des « pratiques d'eugénisme », mais sous des formes nouvelles, régulées désormais par des conventions régionales ou internationales.

En guise d'exemple, des parents peuvent, dès qu'il leur est possible de choisir un certain nombre de caractères à « leur » futur enfant, l'inscrire à une « communauté raciale » particulière, autre. Les déterminismes biologiques n'étant plus similaires pour la même espèce humaine, la définition d'une identité nouvelle s'imposera ce qui va progressivement conduire vers la légalisation et la légitimation de l'eugénisme. L'eugénisme va perdre le caractère malsain qu'on lui a toujours assigné, car étant au cœur des stratégies que ce soit dans un but militaire, social ou médical. De toute façon, il ne risque plus de pénalisation, d'abord auprès des communautés scientifiques zélées, ensuite, chez les politiques et les admirateurs du fantastique. Hervé Chneiweiss (et Jean-Yves Nau) affirme(nt) en ce sens que :

> « Déjà des voix s'élèvent, outre-Atlantique notamment, annonçant l'époque prochaine et inévitable qui verra l'homme modifier, pour l'améliorer, la structure et les fonctions de son patrimoine héréditaire. D'autres redoutent la possible émergence d'une nouvelle forme d'eugénisme ; un eugénisme non plus imposé par un régime dictatorial, mais accepté, revendiqué, par les sociétés démocratiques. »[100]

Trois facteurs conduisent inévitablement aux eugénismes aujourd'hui : les nouveaux communautarismes radicaux, maquillés et parrainés par des regroupements d'intérêts économiques et politiques d'entités de nations, la déification des prouesses biotechnologiques et la prépondérance des idéologies eschatologiques qui prédominent grâce à l'espace favorable qu'offrent la liberté démocratique et la laïcité. Le dernier élément prophétise l'avènement d'un homme situé entre la post-humanité et « l'omnipotence divine » des sciences.

Dans la stratégie régionale de la valorisation des intérêts communs des pays appartenant au même bloc géographique, l'utopie de l'« agir solitaire » s'estompe face à la nouvelle « géo-utopie ». Elle a fait entrer l'Europe, par exemple, et bien après les États-Unis dans l'ère des communautarismes stratégiques [OTAN]. Par ailleurs, sans assurer un rattachement direct et nécessaire entre l'avènement de Sarkozy et la revendication acerbe d'une « *identité européenne* », pour

---

[100] *Bioéthique: avis de tempête*, Op. cit., p. 10.

parler du cas de la France, celle-ci posa la question de l'identité sous un angle plus raciste que raisonné. La poussée de l'immigration (immigration choisie, grosse insulte), la stigmatisation des *Roms*, le massacre de Kurdes et la colère des jeunes des banlieues en France vont, entre autres phénomènes, pousser l'extrême droite à réveiller les vieux démons du racisme et de la xénophobie.

Quelques-uns de ses adeptes « autorisés » à savoir Nicholas Sarkozy, Marine Lepen, Claude Guéant, Éric Siotti, Anne-Sophie Leclère vont nourrir un sectarisme tout à fait exceptionnel, car s'appuyant sur des socles politiques, sociaux et identitaires. Dans un flou total d'amalgames, de velléité, d'accusations et de récupérations, ces hommes savent manœuvrer société civile, couches vulnérables, citoyens « authentiques » et opinion internationale pour arriver à leurs fins peu socialisantes. Dans une logique positive d'analyse du devenir de nos sociétés contemporaines, il serait intéressant de penser à l'interrogation selon laquelle : ces hommes politiques français que nous avons mentionnés seraient-ils humainement capable de retenu s'ils disposent de moyens scientifiques et politiques pour réaliser l'eugénisme à l'image d'Hitler ? Mais, étant donné que la définition de l'eugénisme va être confrontée à la fameuse loi du « injustement tolérable », là aussi les pratiques pourraient être stratégiquement « légitimes » ou « politiquement correctes et tolérables ». Selon Laurent Ségalat :

> « Eugénisme est à la génétique ce que la mondialisation est à l'économie, un chiffon rouge que l'on agite sans savoir le plus souvent de quoi on parle vraiment, car, comme le note fort justement René Frydman dans Dieu, la Médecine et l'Embryon, l'eugénisme est plus facile à montrer du doigt qu'à définir précisément. »[101]

La *morale politique* fait sans doute la martyre face aux nouvelles conceptions de la realpolitik. Inévitablement, notre époque doit sérieusement penser et inventer une « éthique politique » qui ne sera pas uniquement fondée sur les codes de droit public et les valeurs morales d'un pays donné. Les codes de déontologie, les enquêtes de moralités et la probité intellectuelle doivent être des « valeurs ajoutées » pour définir un vrai homme politique. Tout cela nous

[101] *La fabrique de l'Homme : pourquoi le clonage humain est inévitable*, Op. cit. , p. 75.

conduira vers un réenchantement moral de la fonction politique. Ainsi, les hommes mesquins, médiocres et malhonnêtes feraient moins carrière en politique. Le jeu politique doit rester le cadre où s'expriment des intelligences, des compétences et des humanités aptes à garantir le bonheur à l'humanité.

II.3. C. HEGEL DANS LA BIOLOGIE

Dans son livre *La raison dans l'histoire*[102], Georges Wilhelm Frédéric Hegel exclut le continent africain de sa tentative de « cartographier » le progrès historique de la raison humaine à travers l'Histoire universelle fondamentale. Il exclut théoriquement le vieux continent du concert des nations ayant marqué, fait et défait l'histoire humaine de façon mémorable. Sarkozy, en très mauvais « disciple » du philosophe allemand, tentait-il lui aussi de reprendre, cette fois-ci dans le champ politique, ce que Hegel a théoriquement avançait ? L'idée apparaît d'abord à travers son acharnement sur le projet de « *l'alliance pour l'Atlantique* » où il n'engageait théoriquement et avec hypocrisie qu'une partie de l'Afrique [blanche ?!]. L'homme dévoilera sa maladresse, par la suite, lors de son fameux *speech* qualifié de *le discours de Dakar* ? La fameuse question de l'identité, thème cher à l'Union européenne, s'inscrit dans cette même tradition. Entreprendre avec l'Afrique sans sa présence en tant qu'entité libre, mais plutôt avec et toujours la posture de « colonisés », c'est cela le dessein réservé à notre continent !

Encore, le choix de la France de Sarkozy pour l'« *émigration choisie* », faut-il le dire, pourrait bien être inspiré par les thèses racistes d'un Gobineau ou d'un Lucien Lévy-Bruhl. L'idée de « choisir » est très sélective. On est dans la *sélection*, terme cher à Charles Darwin. Littéralement, le fait de proposer aux jeunesses, aux États et à la diaspora intellectuelle africaine de libérer ses meilleurs profils dans le cadre de l'émigration est tout simplement inacceptable. Quelle insulte ! Quelle honte ! Cette ère de « néoracisme politique, scientifique et littéraire » n'est rien d'autre qu'une étape obligée des « eugénismes communautaires et politiques » auxquels nous préparent les conglomérats d'États (l'UE, l'OTAN...). Les puces-implants seront bientôt la condition pour passer par leurs frontières. Les identifiants biologiques sonneront comme une domestication des

---

[102] *La raison dans l'histoire*, Paris : Bibliothèque 10/18, 1965.

identités. Mais avant cette étape, la biométrie reste la voie obligée et celle-ci dénude les individus au nom de l'identification. Ces scénarios sont en train de ghettoïser le monde en recréant les frontières féodales.

En tout cas, dès l'instant que les prouesses biotechnologiques et biomédicales serviront de supports aux dirigeants politiques racistes « les plus puissants » au monde, nous aurions assisté au retour de nouveaux eugénismes avec leurs cortèges de violence et d'exclusion. L'exclusion biologique d'une race dans la réalisation du monde par une politique d'amélioration d'une autre, « particulière » ; les risques d'un retour à « l'exclusionisme » hégélien (La raison raciste dans l'Histoire), par une « remodélisation » des races. Tout comme Hegel a commencé son analyse par une approche purement philosophique et matérialiste sur le vrai sens de l'Histoire, Sarkozy et ses sosies partent eux aussi des inclinaisons « philosophico-matérialistes » pour échouer dans des aventures politiques. Le courtage est clair. Sur son vrai mode opératoire, au plan intellectuel, Hegel aurait abouti à un postulat politique dont l'expression la plus rayonnante consacre la « splendeur » de l'État prussien qui, non seulement, marque la fin d'un processus universel de l'humaine intelligence où l'Afrique se trouve, historiquement, exclue — n'ayant joué aucun rôle dans le processus de maturation de *l'esprit universel*[103] —, mais annonce, en quelque sorte, la fin du dépassement du génie de la civilisation humaine ; comme qui dirait que l'Afrique n'aurait plus la possibilité de se rattraper en s'inscrivant dans son autodétermination et dans celle de l'universel. Rappelons concrètement que Hegel, contrairement à Karl Marx et son compagnon Engels, était agent du système.

Aujourd'hui, on ne saurait exclure le retour voilé de la pensée hégélienne de l'Histoire dans les jeux politiques et géopolitiques au vu de certains attachements aux questions de l'identité — telle qu'elle a été posée en France, par exemple, par Nicholas Sarkozy —, des nouveaux communautarismes sur fond de racismes. Restons toujours dans le cadre européen récent pour donner des illustrations

[103] Un esprit universel qui, selon Hegel, aurait gagné une maturité en capitalisant la somme des expériences diverses à travers son apprentissage-acteur des faits politiques, économiques, scientifiques, etc., Pour Hegel, l'Histoire n'est rien d'autre, d'un point de vue phénoménologique, que l'œuvre gigantesque d'un esprit universel qui opère derrière les grands phénomènes par le jeu dialectique de ses propres progrès et erreurs.

inquiétantes. Évoquons laconiquement le cas des « Roms »[104] en France ou encore celui des banlieusards traités de « racailles » par monsieur Sarkozy, mais, surtout son fameux *discours de Dakar*.

Le 26 juillet 2007 à l'hémicycle de l'Université sénégalaise Cheikh Anta Diop, Sarkozy rappelait aux Africains la fameuse leçon de Hegel : en résumé « *les Africains ne sont pas suffisamment entrés dans l'histoire* ». S'inspirant, entre autres références, de la fameuse loi française du 23 février 2005 sur les « aspects positifs de la colonisation », Sarkozy réitéra son discours raciste, mais en prenant le soin de s'installer dans un « *franc-parler* » que certains veulent lui prêter. La même attitude ignorante et farfelue poussa la célèbre personnalité africaine Aimé Césaire à refuser de recevoir le président français Sarkozy. Mais Sarkozy est fidèle à sa ligne. Dans *« le discours de Dakar* », il déclare :

> « Le drame de l'Afrique, c'est que l'homme africain n'est pas assez entré dans l'histoire. Le paysan africain, qui, depuis des millénaires, vit avec les saisons, dont l'idéal de vie est d'être en harmonie avec la nature, ne connaît que l'éternel recommencement du temps rythmé par la répétition sans fin des mêmes gestes et des mêmes paroles. [...] Dans cet imaginaire où tout recommence toujours, il n'y a de place ni pour l'aventure humaine ni pour l'idée de progrès. [...] Jamais l'homme [africain] ne s'élance vers l'avenir. Jamais il ne lui vient à l'idée de sortir de la répétition pour s'inventer un destin. [...] Le problème de l'Afrique, et permettez à un ami de l'Afrique de le dire, il est là. Le défi de l'Afrique, c'est d'entrer davantage dans l'Histoire. »[105]

Quelque temps après, cette fois-ci en France, le 5 septembre 2009, en marge de l'université d'été des jeunes de l'UMP à Seignosse, Brice Hortefeux reprend la rhétorique raciste sarkozyenne dans une dose d'humour. Il affirma : « *Quand il y a en un, ça va. C'est quand il y a en beaucoup qu'il y a des problèmes* ». Ce propos lui a valu une

---

[104104] « *Le nom générique, englobant plusieurs tribus, qu'ils emploient le plus largement (bien qu'il ne les englobe pas toutes) est celui de «Roms» c'est-à-dire les hommes, par opposition au x gadjé (les non-Roms, les autres...). La confusion des termes est le reflet de l'identité de ces peuples qui se définit essentiellement par le maintien de structures sociales en marge des pays où ils vivent* ». *Regarder la mort en face*, Paris : L'Harmattan, 2003, pp. 130, 131.

[105] Allocution prononcée par Nicolas Sarkozy le 26 juillet 2007, texte officiel, service de presse de la présidence de la République française.

condamnation pour injure à caractère racial. Le 29 août 2010, le ministre de la Défense, en l'occurrence Hervé Morin, livra le « message » provocateur de son pseudo « ami musulman » (personnage fictif) :

> « Après cinquante ans de bons et loyaux services, c'est avec beaucoup d'émotion, mais il est vrai avec un certain soulagement, que les Français d'origine maghrébine, ainsi que moi-même, sommes très fiers de passer officiellement le relais aux Roms, comme boucs émissaires et responsables de tous les maux de la France. J'espère qu'ils seront et resteront dignes de cet héritage prestigieux. Bon courage à eux ».

Jean-François Copé s'invite à la cadence de la stigmatisation gratuite en 2011. Dans sa chimérique « lettre à un ami musulman », il se donna le prétexte sur le débat « islam et laïcité en France » pour diaboliser les musulmans. Le 5 février 2012, l'un des « ténors » racistes de la horde de Nicholas Sarkozy, le député Claude Guéant, fut l'auteur de la honteuse affirmation de « la supériorité de certaines civilisations sur d'autres ». En effet, c'est en pleine session parlementaire, devant ses pairs peu contrariés, que Claude Guéant va lâcher : *« Toutes les civilisations ne se valent pas ! »* En moins d'un an après cet incident culturel, dans le même pays, Anne-Sophie Leclère, une ancienne élue du *Front national*, traita la ministre de la Justice Garde des Sceaux, Mme Christiane Taubira « d'un gorille qui aurait retrouvé la banane ». Une manière de lui rappeler ses origines nègres et africaines.

Nonobstant les nombreuses condamnations, les racistes restent séniles et sourds, continuant ainsi leur projet déshumanisant.

> « Le 9 septembre, le Parlement européen adopte une résolution s'inquiétant de « la vague de stigmatisation des Roms », et exhorte la France à « suspendre immédiatement toutes les expulsions de Roms. Mais le même jour, le Canard social révèle une circulaire du 5 août appelant à évacuer 300 campements illicites d'ici trois mois, et « en priorité ceux des Roms »[106].

Toutes ces graves tracasseries de sociétés qui se disent « démocratiques » témoignent de l'envergure de nouveaux racismes réconfortés par les nouveaux découpages géographiques basés sur des considérations plus identitaires et sectaires que stratégiques.

---

[106] Éric Fassin, *Démocratie précaire*, Paris : La Découverte, 2012, p. 206.

II.3. D. La commercialisation des organes, des spermatozoïdes et leurs conséquences éthiques et sociales.

(Le vol des organes, le don d'organes, le trafic d'hommes)

L'une des conséquences fâcheuses des enjeux des prouesses des biotechnologies demeure les tensions sociales : la montée des trafics, la montée de la criminalité et la banalisation progressive de l'Homme. Dès qu'il est possible de changer des organes gâtés sans risques, par la transplantation, cela a avivé les témérités de trafics et de ventes d'organes. Ainsi, la criminalité augmente, de même que l'insécurité sans parler du crime moral que cela représente. Les cas d'enlèvement se répètent un peu partout au monde. Le phénomène est rendu plus facile par la mondialisation des technologies de communication et de l'information (Internet, Facebook, blog).

Déjà, il existe sur l'Internet un vaste réseau de vente de « produits » purement « naturels-humains » : mariage, copinage, beauté, corpulence, choix d'une race, d'une région et même d'une religion. On peut l'appeler le plus grand « marché » ou « foire » de « beautés » et de caractères humains. Il suffit de faire le choix virtuel, souris à la main, pour accéder au produit-humain. Ainsi, on trouve des hommes qui vendent, en ligne, leur « état naturel ou semblant » de beau « mec », de beau-gars coquin, de confessions musulmane ou chrétienne pour le mariage. La vente des humours est devenue une réalité virtuelle.

Toutefois, ce sera encore et plus déplorable, d'assister aujourd'hui à l'existence de boutique et d'entreprise de vente d'organes où il sera possible d'acheter des reins, des cœurs comme on achète de petits pains ou des biscuits. Nous n'ignorons pas tout l'effort d'encadrement éthique et règlementaire autour des dons, conservations et transplantations d'organes, mais nous évoquons une situation à venir qui trouve son « effet d'annonce » dans l'accaparement des « choses biologiques » par les intérêts stratégiques des grandes puissances. Du souci de l'objectif médical de sauver des vies — dans un cadre hospitalier restreint — aux rapports de forces « biologiques » des prétendus maîtres du monde, les organes sont sujets à une convoitise extralaboratoire.

Le changement d'enjeu autour des manipulations d'organes va soulever un premier problème qui n'est pas des moindres : à qui doit-on désormais confier la responsabilité de gérer les organes ? Du don passant par l'offre à la transplantation, les gouvernants interposent leurs stratégies de domination par des lois caduques qui ne filtrent pas tous les trafics illégaux. Mais c'est paradoxal que les États interdisent, régulent tout en s'inscrivant dans la course. Il faut toujours être le plus inventif, le détenteur du monopole comme ce fut le cas lors de la course vers la lune…

L'hypothèse d'une « guerre éthique » par la confrontation des références s'avère envisageable dès lors que la congélation prolongée de certains organes en laboratoire posera un problème de stockage, d'identification à long terme et de publicité. Mais, il faut encore du temps de congélation, car les scientifiques doivent avoir aussi du temps pour des prouesses avec ces organes. Tout cela est, au plan éthique, très scandaleux puisqu'il s'agit, en bonne et due forme, d'une chosification de l'Homme par le commerce.

À un niveau moins douteux, des interrogations sont formulées autour de la question du don de sang. Au plan universel, la valeur sécuritaire de cette pratique l'élève en acte moral et citoyen. Doit-on, à cet effet, revendre le sang aux malades, lors des opérations chirurgicales et des pratiques du genre ? La notion « banque de sang », très souvent utilisée, pose un problème de vocabulaire qui ravive ainsi le soupçon. Pourquoi utiliser le terme « banque » si propre aujourd'hui à la finance, à l'économie de marché ? L'évocation de ce terme fait penser apriori à la manipulation de l'argent, aux flux d'argent.

TROISIÈME PARTIE

LA TRAHISON DES FONDAMENTAUX RELIGIEUX ET DE L'ÉTHIQUE AMÉRICAINE

III.1. LES FONDEMENTS IDÉOLOGICO-RELIGIEUX DE L'HÉGÉMONISME AMÉRICAIN (?)

III.3.A. Le mythe du respect aux pères fondateurs

> « Naturellement, cette « destinée manifeste » impliquait aussi une conquête sanglante, un anéantissement des tribus indiennes chassées de leurs terres et de l'armée mexicaine défendant son territoire. Ce fut une conquête qui, comme l'esclavage, contredisait les principes fondateurs de l'Amérique et qu'on avait tendance à justifier en des termes explicitement racistes, une conquête que la mythologie américaine a toujours eu des difficultés à intégrer pleinement et que d'autres pays ont reconnue pour ce qu'elle était : l'exercice d'un pouvoir brutal. »[107]

Dans ce bref rappel, il s'agit de montrer deux choses : d'une part, le sens de l'impérialisme dans l'histoire des États-Unis. Un impérialisme primordial presque consubstantiel à son histoire fondatrice. Cet impérialisme trahit, depuis la grande conquête, la fausse référence omniprésente aux pères fondateurs. Elle est fausse parce que toute l'histoire récente des États-Unis ne correspond pas à la « grandeur historique » chantée. On la confond d'ailleurs trop souvent à un esprit chevaleresque fondateur de dimension nationale, à un mythe. En clair, il est question de la trahison des « pères fondateurs » de l'Amérique dans leurs idéaux bâtisseurs de liberté et d'égalité en soi. Attention : lesdits idéaux sont très discutables si on les confronte à leur histoire. D'autre part, il faut mesurer à juste titre le fossé existant entre les « pères fondateurs » et les milliers de sectes dangereux et fermés qui font idéologiquement aujourd'hui les États-Unis et dont sont issus la plupart des administrateurs américains, y compris certains présidents.

D'abord, qui étaient brièvement ceux-là que l'on qualifie de « pères fondateurs » ? Commençons par les sept qui ont fondé la Constitution américaine. Premièrement, on a le premier président des États-Unis (1789-1797), George Washington. Né le 22 février 1732 dans la colonie britannique de Virginie, il participa à la guerre de Sept Ans (1756-1763) et devient rapidement célèbre des deux côtés de l'Atlantique. Il s'intéressait aux questions politiques et occupa le poste de chef d'état-major de l'Armée continentale pendant la guerre d'indépendance (1775-1783).

---

[107] *L'audace d'espérer*, op., cit., p. 285.

L'engagement de George Washington dans la Révolution américaine ainsi que sa réputation le portent au poste de commandant des troupes américaines qu'il organise et mène à la victoire finale, avec l'aide des Français, sur la métropole britannique. Après le conflit, il participe à la rédaction de la Constitution américaine et fait l'unanimité lors de la première élection présidentielle. Pendant ses deux mandats, George Washington montre ses qualités d'administrateur habile, nonobstant les difficultés internes et la guerre en Europe. Il a laissé son empreinte sur les institutions du pays et sur l'histoire nationale.

Ensuite, on peut citer John Adams. Il est né le 30 octobre 1735 et devient le 2e président des États-Unis de 1797 à 1801 après avoir été le 1er vice-président (1789-1797) pour deux mandats. Il a été l'un des inventeurs de slogans des farouches défenseurs de la liberté, rendu célèbre, entre autres, par son fameux plaidoyer : « Children should be educated and instructed in the principles of freedom ».

Après John Adams, on peut mentionner Thomas Jefferson. Celui-ci est né le 13 avril 1743 et meurt le 4 juillet 1826. Il a été le 2e gouverneur de la Virginie, 1er ministre des États-Unis, puis 2e vice-président des États-Unis et devient son 3e président de 1801 à 1809. Auteur de la déclaration des indépendances des États-Unis (1776), Thomas Jefferson est aussi considéré comme fondateur du statut de la liberté religieuse de la Virginie et père de l'université de la Virginie.

Quant à la quatrième personnalité, il s'agit d'Abraham Lincoln. Il est né le 12 février 1809 dans le Comté d'Hardin au Kentucky et meurt le 15 avril 1865 à Washington. Lincoln est le seizième Président des États-Unis. Il est élu pour deux mandats de quatre ans, en 1860 et 1864, sans terminer ce dernier. Il est le premier président républicain de l'histoire du pays. Il a dirigé les États-Unis lors de la pire crise constitutionnelle, militaire et morale de son histoire — la Guerre de Sécession —, et réussit à préserver l'Union. C'est au cours de celle-ci qu'il fait ratifier le XIIIe amendement de la Constitution des États-Unis et abolit l'esclavage. Il sort victorieux de la guerre, mais meurt assassiné deux mois plus tard, à la suite d'un complot émanant de partisans confédérés au début de son second mandat.

Une succession de batailles victorieuses ainsi que des tentatives d'entente avec les démocrates lui assurent sa réélection en 1864. Après la défaite des états confédérés, Lincoln se veut conciliant avec le Sud lors de son discours d'investiture de second mandat, et appelle à l'apaisement. Mais son programme de reconstruction ne vit pas le jour en raison de son assassinat le 14 avril 1865 par John Wilkes Booth, partisan sudiste. La mort de Lincoln est le premier assassinat d'un président des États-Unis et plonge le pays dans le deuil. Lincoln est considéré tant par les historiens que par le public comme l'un des plus grands présidents des États-Unis.

Ensuite, on a Benjamin Franklin. Né le 17 janvier 1706 à Boston, il meurt le 17 avril 1790. En 1776, il participa à l'écriture et à la signature de la déclaration des indépendances. En 1778, il signa l'alliance française et le traité de paix de Paris. De 1779 à 1781, il négocia le traité de paix avec l'Angleterre et fut élu en 1786 comme le président conseillé exécutif de la Pennsylvanie. On retient de lui la formule célèbre : « N'importe quelle société qui abandonne une petite liberté pour gagner une petite sécurité méritera ni perdra rien des deux ».

Quant à la sixième personnalité, il s'agit de Roger Sherman (19 avril 1721 – 23 juillet 1793). Il était un avocat et un homme politique américain qui signa la Déclaration d'indépendance des États-Unis d'Amérique, les Articles de la Confédération et la Constitution des États-Unis d'Amérique. Sherman a également été représentant du district congressionnel At-large pour le Connecticut de 1789 à 1791 puis sénateur du même État entre 1791 et 1793. Il devint avocat à Litchfield (Connecticut) en 1754 et fut choisi pour être le délégué de New Milford à l'assemblée générale de la colonie. Il fut également trésorier de l'Université Yale. En 1783, il révise les lois du Connecticut avec Richard Law et, l'année suivante, il est élu maire de New Haven, poste qu'il occupa jusqu'à sa mort en 1793.

Septièmement, on a Robert Livingston (27 novembre 1746 – 26 février 1813). Il était l'un des membres de la Commission des Cinq, nommée par le Second Congrès continental, le 11 juin 1776, pour rédiger le texte de la déclaration d'indépendance américaine et signa le document pour la déclaration des indépendances des États-Unis. Il fut ensuite secrétaire des affaires étrangères de 1781 à 1783 puis candidat au poste de gouverneur de l'État de New York, en 1798, et ambassadeur des États-Unis en France de 1801 à 1804. C'est lui (avec James Monroe) qui négocia la Vente de la Louisiane. En 1794, il fit construire une nouvelle maison appelée « New Clermont » et avait une bibliothèque de 4000 volumes. Il était franc-maçon et le premier maître de la Grande Loge de New York de 1784 à 1801.

Les leaders que nous venons de présenter ont profondément marqué l'histoire des États-Unis particulièrement pour leur attachement aux valeurs telles que l'unité, la liberté, l'intégrité, la bravoure et la culture de la citoyenneté. Leur particularité, à part le premier président distingué Georges Washington et le premier président assassiné à savoir le rassembleur Abraham Lincoln, les cinq autres John Adams, Roger Sherman, Robert Livingston, Thomas Jefferson et Benjamin Franklin c'est qu'ils forment la Commission des Cinq qui ont déposé le texte de la déclaration d'indépendance. Mais il faut dire que leur époque aurait beaucoup contribué à l'éclosion de leur conscience d'hommes bâtisseurs, appelés à accomplir de grands rôles d'hommes d'État. Cela créa néanmoins un sentiment nationaliste patriotique louable.

Nonobstant les nombreuses injustices qui ont jalonné l'histoire des États-Unis, il faut tout de même reconnaître un legs enrichi par « l'attachement » ou « la référence » à une certaine orthodoxie « religieuse » et puritaine s'abreuvant paradoxalement d'une lointaine aliénation infligée aux Indiens et aux noirs. Ces tout premiers précurseurs, eux, peuvent avoir la prétention de se référer à des valeurs « chevaleresques » qu'aiment chanter paradoxalement les récents présidents et le nouveau président des États-Unis. On peut leur faire la concession, mais ils restent comptables de la dette de sang historique vis-à-vis des peuples meurtris (indiens et noirs). De toute façon, il n'a jamais été question d'une référence à des valeurs homogènes ou à la démocratie.

On ne peut pas parler des prétentions assignées, à tort ou à raison, aux *pères fondateurs* sans évoquer la démocratie. Comme l'Amérique se croît être la patrie de la « démocratie par excellence », les « pères » de la nation doivent en être alors les vaillants précurseurs. Sont-ils les « fondateurs » de la démocratie américaine, vendue au monde comme « modèle universel » ? En vérité, les *pères fondateurs* avaient historiquement un problème avec la démocratie. Ils ne l'aimaient pas !

Ndongo Samba Sylla écrit :

> « Il n'y a aucune nation qui ait entretenu une haine aussi vivace de la démocratie que les États-Unis. Ce que révèle l'absence du mot « démocratie » dans l'actuelle constitution fédérale américaine, la Déclaration d'Indépendance et dans les premières constitutions des États membres de l'Union. Comme le souligne l'historien américain Charles Beard, de la fondation des États-Unis jusqu'au

début du XXe siècle, cette haine de la démocratie était telle qu'il était « exceptionnel » pour un président américain d'utiliser ce mot dans un discours officiel. »[108]

Thomas Jefferson, considéré comme le « père de la démocratie américaine », n'avait pas d'embarras de mentionner, à travers ses correspondances, le « caractère secondaire » de l'option démocratique. Pour lui, la démocratie n'est que « *l'ébauche d'une société civilisée* ». La linguiste américaine Bertlinde Laniel souligne le mépris de la démocratie dans l'imaginaire collectif et politique américain classique : « *Dans l'imaginaire de nombreux hommes politiques de l'époque postrévolutionnaire, le mot « democracy » semble avoir été associé à l'idée de la mort, association des plus nuisibles.* »[109] En très bons pionniers du capitalisme libéral, les pères fondateurs voyaient en la démocratie une menace sérieuse contre les intérêts de la classe bourgeoise. La *constitution fédérale*, élaborée en 1787 et toujours en vigueur s'inscrit dans cette lancée. Mais l'une des raisons du rejet historique de la démocratie nous semble être la longue et belliqueuse tradition capitaliste.

Les 13 premiers États d'Amérique sont issus des colonies anglaises fondées aux XVIIe et XVIIIe siècles par des commerçants ou des communautés religieuses très attachées à l'individualisme, à l'égalité et aux libertés. En quittant l'Angleterre où les rois ne permettaient ni l'ouverture religieuse ni l'affirmation de la liberté à cause de l'orthodoxie religieuse dogmatique et dominante, les *white anglo-saxonnes protestants* (WASP) espéraient indéniablement conquérir la liberté, d'où l'idée de leur grand exode. Mais à quel prix ? Il fallait fonder une aspiration à la liberté sur un esprit d'accaparement aveugle : voilà l'une des plus grandes « valeurs » historiques que l'Amérique ne saurait gommer de son histoire et qui demeure le fondement primordial du capitalisme dominant ! Il s'agit de l'esclavage dans toutes ses dimensions.

Deuxième niveau d'expression historique de l'aspiration à la liberté, depuis le grand exode : ils voulaient que la Bible soit traduite en anglais, car, depuis l'Angleterre déjà, c'était en grec et en latin

---

108 Ndongo Samba Sylla, « Y a-t-il une relation entre démocratie et développement ? » In *Déconstruire le discours libéral*, Vol. 1, Dakar : ARCADE/Fondation Rosa Luxembourg, 2014, pp. 49, 50.

109 *Le mot « democracy » aux États-Unis et son histoire de 1780 à 1856*, Publications de l'Université de Saint-Etienne, 1995, p. 69.

suivant la volonté de l'orthodoxie et de la monarchie, à l'époque du roi Henry 8. Pour que le peuple puisse y accéder mieux avec un esprit critique dans l'interprétation, il fallait alors relever le pari de la traduction. C'était la meilleure manière de démystifier le rapport au texte religieux et, du coup, créer la conscience révolutionnaire. Celui qui voulait la traduire c'était William Tinale. La famille religieuse, quant à elle, considéra que « qui traduit trahit » et refusa en conséquence celle de la bible. Cela causa la discorde entre la classe religieu"se et la famille royale. Claudine Leleux écrit en guise de témoignage de l'atmosphère tendu :

> « Les oppositions religieuses, entre anglicans et catholiques notamment, qui minent l'Angleterre et recoupent les oppositions entre partisans de la monarchie absolue et partisans de la monarchie parlementaire, ne sont sans doute pas étrangères à cette volonté hobbesienne de séparer ce qui revient à l'homme et ce qui revient à Dieu. John Locke (1632-1704), quant à lui, affirmera clairement la nécessité d'une sécularisation, d'une souveraineté profane qui conduit à séparer « ce qui regarde le gouvernement civil, de ce qui appartient à la religion » [Locke, texte 9]. »[110]

Le grand exode fut lancé sous les sceaux de la quête de liberté et du bonheur. La liberté de culte semblait acquise, mais les multitudes de sectes qui se substitueront à l'orthodoxie catholique vont favoriser des formes radicales de sectarismes religieux, ce qui aboutira à un pire enfermement. Celui-ci légitima tous les esclavages historiques dont les États-Unis ont été les auteurs. La transformation historique de la « foi chrétienne » fondatrice en un sectarisme diabolique se réalisa dans la longue durée. Aux États-Unis, l'État fédéral se désengage ainsi progressivement de financer les églises pour éviter le recommencement de la discorde qui a eu lieu, déjà, historiquement en Angleterre puis dans ses nouvelles colonies. Ce sont les disciples des églises qui vont maintenant, à travers des cotisations, donations et partenariats, s'organiser en ce sens.

Cela fortifia certes quelques communautés religieuses, mais deux phénomènes apparaitront avec la convoitise aiguisée par les sommes colossales d'argent aux comptes des curées et des administrateurs de sectes. D'une part, les meurtres et les cas d'abus divers s'installent parfois au centre des institutions sectaires et ecclésiastiques mêmes et la naissance d'« entreprises de la foi », un vrai business, ce qui

[110] *La démocratie moderne*, Paris : Les Éditions du CERF, 1997, p. 11.

favorisa la propagation démesurée des sectes, d'autre part. Ainsi, très tôt dans l'histoire américaine, l'héritage chrétien est assujetti et éclaté au bénéfice de milliers de sectes autant impliquées en religion qu'en politique. Il n'existe pas donc de référence historique et homogène au christianisme.

Néanmoins, tout semble s'inscrire dans le principe de la liberté religieuse. Le terme religion ne signifiant pas forcément ici une référence transcendante, les sectes « religieuses » sortent de terre et poussent partout tels des champignons. Ainsi, est née par exemple la religion des mormons. Parmi leurs particularités : ils ne croient pas en la polygamie et ils croient pouvoir convertir les morts. Ils pensent que la maladie ne peut être guérie par les médicaments, mais plutôt par la bonté du Christ. On a aussi les puritains (secte religieuse) qui sont parmi les premiers à créer leur propre religion. Pour eux, le fait d'arriver aux USA saint et sauf par l'exode relève de la volonté providentielle et divine ; c'est un choix divin, d'où la présence forte d'eschatologies, de cosmogonies et de mythes fondateurs dogmatiques dans leurs doctrines, tout comme dans les autres sectes.

Selon les puritains, tout évènement matériel à une signification spirituelle et c'est à l'Homme de découvrir cette signification. Cette attitude encourage aussi une autre tendance vers l'Allégorie et le Symbolisme et à laquelle se référait Ralph Waldo Emerson (le premier père fondateur de la littérature américaine. Il a écrit le premier cette littérature) ; c'est ce qui le poussa d'ailleurs à prendre tout fait matériel comme symbole de quelques vérités spirituelles. On note un dualisme avoisinant la conception métaphysique platonicienne des réalités sensibles et des Idées intelligibles.

À cela s'ajoute l'exemple des doctrines des deux poètes Anne Bradsheet et Edward Taylor. Pour le premier, « tout est question d'amour », tandis que le deuxième est de l'avis que « tout est question de méditation », pour dire que le penchant religieux peut ne pas être nécessairement fondé par des postulats transcendants. La religiosité peut être inspirée par les sentiments inhérents à l'Homme sans contrainte aucune. Naîtrons, après, plusieurs autres sectes et sous-sectes dont les *enlightman*, c'est-à-dire « les illuminés » ou les « gens de la lumière », notamment avec certains philosophes.

Faisant partie des pays qui battent le record dans la floraison de sectes, les États-Unis connaissent des phénomènes anthropo-culturels de sociétés particulièrement dangereux, qui relèvent à la fois de maladies psychosociale, psychopathologique, sadique et de civilisation : cannibalisme, criminalité extravagante, schizophrénie collective, crise existentielle, communautés diaboliques ou occultes... Une bonne partie de la sociologie américaine ne peut être appréhendée sans une prise en charge profonde et réelle de l'imaginaire des sectes. Cela a non seulement un impact sur le plan local, mais aussi sur l'imaginaire collectif américain, sur son identité et sur son rapport aux autres.

Cependant, l'exception peut et doit toujours avoir sa place lorsqu'on veut nous parler d'une curieuse référence à un « legs chevaleresque homogène » aux pères fondateurs. Certains Américains loyaux sont tout le contraire de ce qu'incarnent belliqueusement leurs administrations. Ainsi son hégémonisme aura toujours des revers tristes pour les autres peuples du monde tout comme son plan de militarisation et de domination scientifique et nucléaire du monde à cause justement de la force idéologique diversifiée qui la fonde. Pourtant, dans la politique de communication ouverte des États-Unis, tout « semble » dégager le parfum de l'entente et de la concorde nationale autour d'une même « foi » et de valeurs communes. Dans le préambule de la Constitution américaine, on peut lire :

> « Nous, le peuple des États-Unis, en vue de former une union plus parfaite, d'établir la Justice, d'assurer la tranquillité intérieure, de pouvoir à la défense commune, de développer le bien-être général et d'assurer les bienfaits de la liberté à nous-mêmes et à nos descendants, ordonnons et établissons la présente Constitution pour les États-Unis d'Amérique ».

Dans le 1er amendement de la Constitution du 17 septembre 1787, on peut lire des aspirations fortes. Trois choses sont recherchées : la vie « *life* », la liberté « *liberty* » et la recherche du bonheur « *pursuit of happiness* ». Mais, toutes ces « valeurs » contrastent bien trop avec les milliers de lacunes, de discriminations et de déséquilibres couvés par les administrations américaines successives, de Georges Washington à Obama. De surcroit, les sectes dominent, nonobstant « l'effervescent » attachement vis-à-vis du christianisme à travers l'imaginaire religieux des Américains. Avec l'essor notable des techniques, des industries et des sciences et les mille revers de la société de consommation, le mythe du « peuple américain fort » se nourrit aveuglément de son narcissisme béat.

La foi supposée fondatrice des États-Unis formulée sous le label « In God We Trust » est née en effet avec la prolifération des sectes, pas du christianisme. On a relativement noté en Amérique 253 sectes religieuses à côté de 300000 églises, avec 72 millions de protestants et les romans catholiques (les catholiques romains) qui font 49 millions. Viennent ensuite les juifs, 6 millions, puis les orthodoxes venant de l'Est, 4,1 millions, puis les minorités musulmanes, bouddhistes, indous et confusians. En faisant le cumul de tous ces groupes, on note qu'il sera inférieur à l'ensemble des groupes confessionnels restant.

La première devise des USA était écrite en mot latin. Mais, avec l'exode vers la découverte du nouveau continent — qui contrairement à une pensée assez répandue n'était pas nouveau, étant déjà habité par les amérindiens — les migrants WASP ne voulaient pas du tout maintenir le caractère latin. Pour ne pas ressembler au modèle de l'Angleterre qu'ils ont combattu, il n'était pas question de reproduire le même trait « d'aliénation » à la nouvelle terre. Pour éviter le caractère latin, il fallait alors, au-delà de la nécessité de traduire la Bible en anglais pour la rendre plus accessible — idée soutenue depuis l'Angleterre —, mettre aussi les sceaux et les devises en formule anglaise comme « *In God we Trust* ».

Il faut souligner que cette dernière référence pose problème dans le contenu historique qu'il faut lui donner. D'abord, il n'y a jamais eu d'homogénéité, du point de vue de l'expression théorique et pratique de la profession de foi religieuse aux États-Unis. Les sectes définissent différemment le terme *Dieu*. Quel contenu sémantique la nation américaine doit-elle admettre alors, en scandant la notion « In God we trust » ? De quel Dieu fait-elle référence ? Ensuite, la notion de divinité a-t-elle le même sens chez toutes les sectes qui occupent une large proportion dans l'espace de l'expression religieuse et politique américaine ?

Cependant, même si les pères fondateurs avaient connu, eux et leurs générations, la multiplicité de sectes, on peut leur faire une exception, car ils avaient tout au moins une certaine « morale publique » reflétée d'abord à travers le destin commun et historique de vouloir réformer le dogmatisme chrétien. Ensuite, elle s'exprime dans la *constitution* qui allait dans le sens de bannir les actes contre nature (avortements, homosexualité, etc.) mettant en cause la dignité humaine, l'intégrité de la famille et le respect de la sacralité du corps humain. Au moins dans l'espace public ces valeurs étaient surveillées.

L'avortement, l'homosexualité, la prostitution n'étaient pas des pratiques agréées selon la « morale publique » encore dominée par les tendances protestante et chrétienne.

Néanmoins, il est avéré que parmi les pères fondateurs, bon nombre fût soit des précurseurs soit de grands adeptes de la franc-maçonnerie ou de sectes satanistes. Certains d'entre eux se spécialisaient dans le symbolisme magique. C'est ainsi que plusieurs édifices publics américains tels le *Pentagone*, le *bureau ovale* ou le *monument de la liberté* correspondent parfaitement à des formes et dimensions magico-occultes. Bref toute la capitale Washington est submergée de formes et figures symboliques du genre. Tout le symbolisme égyptien et pharaonique y est dissimulé. L'une des preuves simples de leurs pratiques occultes c'est le reflet quasi parfait des emblèmes maçonniques à travers les grands édifices conçus par les pères fondateurs ou grâce à eux.

Depuis 1863, la mythique statue de Perséphone (Freedom) trône royalement sur le dôme du capitole. Haute de 5,94 mètres et pesant 6800 kg, elle représente (CORE) la déesse grecque des enfers. L'obélisque de Washington (*Washington monument*) a une hauteur de 555 pieds et s'enfonce sur une profondeur de 111 pieds ; le cumul fait 666 (nombre symbolique et diabolique). L'obélisque désigne un symbole phallique égyptien (Égypte pharaonique), ensemençant le monde de sources de déflagration et de dissolution spirituelle depuis la vallée de la mort. Ce monument très symbolique, en dehors des États-Unis, est installé aujourd'hui au Vatican (à Rome), à Paris, à Dakar et, curieusement, à la Mecque.

Il y a une dimension satanique de la géométrie liée à des figures et à des chiffres (diaboliques) tirés du *nombrisme* (*'ilmul 'adad* en arabe), de la *magie* et des *cabales juives et indous*. La forme pyramidale, élevée à certaines altitudes, permet ainsi de capter des énergies négatives ou entités « supérieures » ; en langage moins initiatique, cela permet d'entrer en contact avec les démons que d'autres appelleront les *anges*. Le pentagone [qui porte le nom et la forme d'un des bâtiments publics et militaires les plus célèbres des États-Unis] est à mettre dans cette quête. Le bureau ovale reste également dans cet esprit et idem pour le monument de la « liberté ».

Tous ces exemples et bien d'autres ne doivent pas être éloignés de l'esprit mystique, occulte, fantasmagorique et eschatologique à l'instar des pyramides de l'Égypte maçonnique dont on ne sait toujours pas les vrais bâtisseurs ni les lois mathématiques sur lesquelles ils sont fondés. Ce ne sont pas des lois humaines qui ont fondé l'élévation des pyramides d'Égypte (!?).

L'attirance à la science magique des carrés cabalistiques est bien présente chez les « pères fondateurs ». Georges Washington et Thomas Jefferson occupent une place considérable dans les projets concernant les édifices que nous avons nommés supra. Benjamin Franklin est un exemple avec son fameux carré magique de 8 cases. René Descombes écrit en ce sens :

> « Benjamin Franklin s'est intéressé aux carrés magiques, dans les années 1736-1737, lorsqu'il était à l'Assemblée de Pensylvanie, et en a donné une méthode de construction originale. Il a raconté lui-même, dans ses Lettres and papers on philosophical subjects (Londres 1769), l'anecdote résumée ci-après, d'après Andrews (1960, pp. 896-112). [...] De fil en aiguille, B. Franklin confessa qu'il s'était intéressé dans sa jeunesse aux carrés magiques, et qu'il avait trouvé une méthode de construction si aisée qu'on pouvait « remplir les cases d'une grille aussi rapidement que le permettait le mouvement de la plume qui écrit les chiffres ! » Lors d'une autre visite, l'américain montra à Logan comment construire un carré d'ordre huit. Celui-ci lui ayant demandé son avis sur un carré d'ordre seize publié en 1544 par le mathématicien Michael Stifel, Benjamin Franklin promit de faire mieux. Le lendemain Logan reçut le travail de Benjamin Franklin et en fut littéralement émerveillé. Comme on peut le constater sur les carrés (semi) magiques d'ordre n=8 et n=16 aux multiples propriétés reproduites ci-après »[111].

Mais il est évident que cette Amérique des pères fondateurs reconnue dans la perpétuation rigoureuse de ces valeurs cardinales est révolue depuis très longtemps. Sa « foi » supposée, qu'elle soit laïque ou religieuse, républicaine ou démocratique, ne peut s'affirmer au singulier. Elle est en réalité assez hypothétique. Des tensions ont toujours fondé les tendances idéologiques religieuses des États-Unis historiques. Barack Obama affirme :

> « Un grand nombre des phares de l'Indépendance américaine, tout particulièrement Franklin et Jefferson, étaient des déistes qui, bien que cr.oyant en un Dieu tout-puissant, mettaient en doute non seulement les dogmes de l'église chrétienne, mais aussi les

[111] *Les carrés magiques*, Paris : Librairie Vuibert, 2000, p. 270.

principes fondamentaux du christianisme même, y compris la divinité du Christ. Jefferson et Madison réclamaient ce que le premier appelait un « mur de séparation » entre l'église et l'État afin de protéger la liberté individuelle de croyance et de pratique religieuses, d'éviter à l'État des affrontements sectaires et de défendre la religion organisée contre les empiétements ou l'influence indue de l'État. Bien sûr, tous les pères fondateurs ne partageaient pas ce point de vue. Des hommes comme Patrick Henry et John Adams ont avancé toute une série de propositions pour que le bras de l'État favorise la religion. Mais si Jefferson et Madison firent adopter la loi sur la liberté religieuse en Virginie qui servirait de modèle aux clauses du Premier Amandement sur la religion, ces férus des Lumières ne furent pas les partisans les plus fermes d'une séparation entre Église et État. »[112]

Progressivement, dans l'histoire récente des États-Unis, la laïcisation et la sécularisation portées par des courants sectaires omniprésents dans les secteurs clés de la vie publique finirent par dépraver « l'héritage moral » supposé et relatif aux acquis fondamentaux des *pères fondateurs*. La liberté individuelle progresse et abroge les interdits religieux pour la sauvegarde éthique de la sacralité du corps et de la famille, par exemple. Déjà, en 1965, le philosophe Raymond Aron faisait l'état des lieux sur la progression du système des valeurs des États-Unis par rapport à la sécularisation. Il affirme :

> « Les individus triomphent peu à peu de certaines contraintes sociales en les dénonçant. L'homosexualité échappe à la répression par la loi ; des prêtres bénissent des ménages d'homosexuels ; seuls, par l'intermédiaire de l'incitation des mineurs à la débauche, les pédérastes restent sous le coup de la justice et de l'État. »[113]

Sur la débauche vis-à-vis du statut sacré de la femme, l'auteur renchérit :

> « Le droit des femmes à l'interruption de grossesse vient d'être légalisé, au terme d'une évolution des mœurs ou des valeurs. La femme peut et doit disposer librement de son corps ; donc l'amour

---

[112] Barack Obama, *L'audace d'espérer*, Trad. Jacques Martinache, Paris : Nouveaux Horizons, 2008, p. 222.

[113] *Essai sur les libertés*, Paris : Calmann-Lévy, 1965, p. 220.

physique, en dehors du mariage, ne comporte pas de faute, pas plus que le refus de l'enfant non désiré. »[114]

Les nouvelles opportunités qu'offrent les techniques biologiques en matière de « procréation » viennent s'accommoder au pouvoir de la liberté individuelle promue comme une divinité par la postmodernité. Celle-ci fête un mode de liberté qui donne peu d'espace au commun être moral et éthique. C'est l'éclatement ou l'étranglement de toutes les communautés de foi. La postmodernité sous ce rapport réinvente des schèmes sociaux sectaires où la notion de liberté tient peu compte de l'épanouissement moral de l'autrui. Au moins tant que l'envie de faire est là : les gays par exemple se foutent pas mal du mieux-être moral commun. Le bouleversement de tous les ordres traditionnels se donne la légitimité d'imposer la tyrannie des aspirations individuelles égoïstes et quel qu'en soit le prix. Malheureusement, la démocratie américaine avec les slogans de consentement et d'égalité cache cet état de fait dangereux. Dans le cadre de l'éthique médicale, l'évocation du consentement semble donner un gage de sécurité et de liberté aux patients malchanceux et confrontés aux nouvelles pratiques de médecins plus audacieux. De l'avis de Christian Hervé :

> « À la fin des années 1960, avec l'établissement d'un enseignement interdisciplinaire concernant les lois régissant le fonctionnement de la médecine, on a vu grandir, à travers nombre de publications sur le consentement, le souci de diffuser ce concept. […] Le modèle américain de consentement est effroyablement contractuel. Il présuppose, en fait, un équilibre des pouvoirs entre les deux parties et que le patient, dès lors qu'il détient les informations, puisse en gérer les impacts physiques et mentaux sur lui-même. Dans la plupart des cas de consentement moralement discutables, et qui donnèrent lieu à l'ouverture de litiges au civil, il a été nécessaire, en raison de la complexité de la loi américaine sur le consentement, de solliciter l'avis de professionnels pour savoir ce qu'il convenait de révéler au patient, et selon quelles modalités. »[115]

Sur ce point, l'évocation des pères fondateurs n'a qu'une seule fonction « politique propagandiste » pour galvaniser « l'orgueil national » et montrer à la face du monde que l'Amérique reste

---

[114] Ibid. , p. 219.

[115] Christian Hervé, *Éthique de la recherche et éthique clinique*, Paris : L'Harmattan, 1998, pp. 95, 96.

conforme à l'idéal d'antan des pères fondateurs. Que de chimères ! Les idéaux ne sont plus les mêmes depuis très longtemps. Ceci n'est qu'une grosse illusion. L'Amérique est devenue le terreau fertile d'une déshumanisation incommensurable où couve toute forme de sectes, des plus insensées aux plus diaboliques. Cette donnée est tellement évidente que les belles performances de la démocratie locale américaine et la liberté citoyenne tant louées cachent mal, à la fois, les discriminations raciales, la criminalité débordante et raciste, l'exclusion interne d'un vrai suffrage universel, les injustices pénales et les ingérences de sa politique extérieure.

Le devoir de mémoire et d'indignation doivent, à ce propos, pousser à l'évocation de l'agression flagrante à la face du monde contre les peuples irakien et cubain et l'illégal maintien, sans statut ni procès neutres, des fameuses prisons de Guantanamo et de Bagram, jusques sous l'autorité de Barak Obama. Cela est-il encore la continuité de l'œuvre des pères fondateurs ? Ancien rapporteur spécial des Nations Unies pour le droit à l'alimentation (2000 à 2008) puis vice-président du Comité consultatif du Conseil des droits de l'homme de l'ONU, Jean Ziegler déclare :

> « Dans la plus grande prison militaire du monde, à Bagram, en Afghanistan, les agents des services de sécurité américains continuent de torturer leurs prisonniers. Les « commissions militaires » sont toujours en place ; l'application des conventions de Genève est refusée aux détenus, « combattants hostiles » ou simples suspects. »[116]

Les bavures américaines en terre étrangère sont si nombreuses et flagrantes que l'Amérique se place inévitablement dans l'œil du cyclone du terrorisme international, sans compter les milieux de schizophrènes américains créés par le sentiment d'injustice lié au caractère insupportable de l'agression américaine vis-à-vis de peuples étrangers. Vraiment, les Américains authentiques et épris de justice souffrent le martyre face à cette situation qui a perduré. D'ailleurs, la progression en force des tendances socialistes et mouvements de dénonciations aux États-Unis justifie en partie le radicalisme aveugle de ses gouvernants belliqueux. Les mouvements sociaux anticapitalisme y gagnent heureusement du terrain.

---

[116] Jean Ziegler, *La haine de l'occident*, op. cit., p. 10.

Aujourd'hui, l'Amérique porte sa propre contradiction au plan social opposant les partisans de la terreur aux esprits épris de paix et de justice. La politique américaine extérieure au plan géostratégique est vidée de toute morale et de toute éthique. Sans oublier le manque de respect souvent affiché vis-à-vis des résolutions onusiennes, l'Amérique cautionne des cas d'injustice flagrante de ses alliés. C'est ainsi que :

> « Au Proche-Orient, dans le ghetto de Gaza où s'entassent sur 365 km^2 1,5 million de Palestiniens, la sous-alimentation et les épidémies font des ravages. Le blocus israélien prive les hôpitaux de médicaments. [...] Mandaté par les Nations unies, le juge sud-africain Richard Goldstone a enquêté pendant six mois sur l'agression israélienne contre le ghetto de Gaza de janvier 2009 : 1400 morts palestiniens, plus de 6000 mutilés et brûlés, dont nombre de femmes et d'enfants. Il a conclu à des crimes de guerre commis par le gouvernement israélien (mais aussi par le Hamas). Il a demandé le transfert des coupables à la Cour pénale internationale. Au conseil de sécurité et au conseil des droits de l'homme des Nations unies, les États-Unis ont vigoureusement combattu les conclusions du rapport Goldstone. »[117]

Pour conclure sur la vraie identité américaine historique, la référence aux pères fondateurs est en effet un gros mythe. Aux États-Unis, l'idéologie dominante, pour ne pas dire la seule idéologie, ce sont toutes les « valeurs » dictées par le capitalisme des marchés et les lobbies et oligarchies politiques : vénération du capital, loi de marché, spoliation, spéculation sauvage, individualisme monstrueux, consommation extravagante, eschatologies sanguinaires...

III.1.B. De la quête de la liberté à l'extermination de la liberté amérindienne

L'esprit impérial a jalonné toute l'histoire des États-Unis. Il est à chercher dans les fondements historiques mêmes de la civilisation américaine, c'est-à-dire depuis les WASP, depuis la découverte, au XVIe siècle, puis la conquête de l'Amérique et l'installation des premières colonies en tant que telle. Le génocide sur les peuples asiatiques constitue, de fait, un deuxième tournant historique de la violence dans les pages sombres des bavures américaines, bien après celle-ci. Un peuple bâtisseur et fier, l'Amérique en est-il vraiment un ?

---

[117] Ibid., pp. 11, 12.

La fierté ne peut pas être bâtie sur le sang des autres. Près de 130 000 civils sont tués lors du bombardement d'Hiroshima et 90 000 morts à Nagasaki contre 250 000 civils au Japon.

L'esprit de conquête se perpétue ainsi depuis le massacre des Amérindiens, puis des Indiens, passant par les peuples d'Asie, et jusqu'à maintenant avec les politiques extérieures aliénantes des États-Unis (invasion de l'Irak, massacres en Afghanistan et en Syrie…). Et le tout a toujours été supporté et redoré par la mise en place formidable de moyens de propagande (production cinématographiques, livres, lobbies médiatiques et économiques, etc.) autour de valeurs de « patriotisme », « d'intégrité », de « solidarité », de « liberté » et de « bravoure » intrinsèques au peuple américain. Une démocratie intérieure « forte » et un mépris total d'une politique extérieure d'accaparement et d'humiliation contrastent. Mais les États-Unis veulent toujours se donner une belle image extérieure. Paradoxalement, selon Samir Amin :

> « Le premier moment de ce déploiement dévastateur de l'impérialisme s'est organisé autour de la conquête des Amériques, dans le cadre du système mercantiliste de l'Europe atlantique de l'époque. Il est soldé par la destruction des civilisations indiennes et leur hispanisation-christianisation, ou tout simplement par le génocide parfait, sur lequel se sont construits les États-Unis. »[118]

Le massacre des peuples indiens (Aztèques, Incas, Mayas, Aymaras…) fut accompagné de trois objectifs malsains des envahisseurs : accaparement des richesses, esclavage, évangélisation forcée. Les populations réunies des Incas, des Mayas et des Aztèques étaient estimées entre 70 et 90 millions de personnes à l'arrivée des occupants conquistadores. Mais, un siècle et demi après, elles n'étaient plus que 3, 5 millions[119]. En réalité, selon Jean Ziegler :

> « La population du Mexique précolombien atteignait 30 à 37,5 millions d'habitants et on évalue à un chiffre identique le nombre

---

[118] « Mondialisation et impérialisme », Pdf (cf. préface de Samir Amin/ Nkolo Foé).

[119] cf. Eduardo Galeano, *Les Veines ouvertes de l'Amérique latine*, Paris : Plon, coll. «Terre humaine», 1971 ; Darcy Ribeiro, *Las Americas y la civilizacion*, Buenos Aires, 1969.

> d'Indiens vivant dans la zone andine. L'Amérique centrale, de son côté, comptait entre 10 et 13 millions d'âmes. »[120]

Rappelons que les opérateurs américains ont qualifié les Amérindiens de « rebelles ». La vaste campagne de diabolisation venait de commencer. Elle va se poursuivre avec la création des grandes fermes après le parcage des Amérindiens dans des réserves ignobles. La migration WASP pour la liberté religieuse et économique est fondée sur un faux esprit chevaleresque et toute la mémoire et la générosité amérindiennes ont été insultées. Marie Agnès Combeque qualifie ainsi la tragédie amérindienne de génocide :

> « Avant l'esclavage, l'entreprise d'extermination et d'acculturation des nations amérindiennes constitue l'un des fondements les plus violents de la nation américaine. Le fanatisme religieux des premiers immigrants regroupés en Nouvelle-Angleterre et en Virginie entraîne un conflit sanglant avec les Amérindiens, massacrés au cours d'expéditions punitives alors que nombre d'entre eux ont permis aux pèlerins de survivre aux hivers rigoureux en les approvisionnant en nourriture. »[121]

Si nous devons parler du fondement spirituel de l'hégémonisme des États-Unis, nous dirions qu'il faut le remonter à deux sources ou situations chronologiquement et objectivement diverses : l'esprit indomptable et fractionniste ayant conduit à la naissance du Protestantisme et le rêve mythique d'une hégémonie de rang messianique. Ce rêve aurait conduit aux saccages de très belles et anciennes civilisations. De l'avis de Cornélius Castoriadis :

> « Des civilisations par ailleurs très raffinées, mais fondées sur la conscience collective du groupe, de la tribu, de la caste ont été balayées au contact de l'homme occidental. Non parce qu'il avait une arme à feu ou un cheval, mais parce qu'il possédait un état de conscience différent, le rendant capable de se retrancher du monde et de le retrouver par une activité intérieure. »[122]

Par référence, à la fois, à Samir Amin et Marx Weber, selon un ordre encore chronologique et logique de leurs objets, l'esprit révolutionnaire, nous dirons même impérial de l'État « porte-étendard

---

[120] *La haine de l'occident*, op. cit., p. 242.

[121] *Mythologies américaines*, Paris : Éditions du Félin, 2002, p. 80.

[122] « De l'utilité de la connaissance, Cahiers Vilfredo Pareto » in *Revue européenne des sciences sociales,* n° 79, 1988, p. 121.

du Capitalisme libéral » — les États-Unis — doit être cherché dans la passion guerrière, voire sanguinaire, de la conquête des Amériques. Consacrant l'immense massacre des Indiens, la découverte et l'occupation du « nouveau » continent sont un paradoxe en ce sens qu'elles sont l'aboutissement d'une sorte de « prophétie ». En quittant l'Angleterre, les communautés fractionnistes étaient animées par des sentiments paradoxaux, dans leur posture de « victime » : sevrage vis-à-vis de la foi chrétienne orthodoxe, envie démesurée de trouver « une terre promise » et une liberté « brute » digne des « dieux » de la mythologie grecque.

Les trois sentiments en question étaient tous extrêmes, c'est-à-dire qu'ils conduisent vers le dogmatisme, une fois cumulés. Ils permettent de comprendre la brutalité au détriment des Amérindiens, la volonté de fonder des multitudes de sectes et l'esprit d'accaparement historiquement lié au Capitalisme. Pas besoin de commenter longuement les écrits des deux auteurs que nous venons de mentionner sur la corrélation entre l'esprit du Capitalisme en général et celui de la conquête de l'Amérique : l'accaparement, la spéculation et la spoliation ont connu un élan assez radical dans l'évolution historique du capitalisme primordial depuis la conquête de l'Amérique. Autrement dit, cette conquête est en soi une phase radicale du Capitalisme, toujours dans le même esprit impérial. Ce retour historique permet de comprendre l'emblématique « fierté » des Américains vis-à-vis d'un passé chaotique. Selon Djibril Samb :

> « Dès que le mode de production capitaliste se forma en Europe et domina peu à peu l'ensemble de la formation sociale, des forces productives nouvelles furent libérées et eurent constamment tendance à déborder des frontières nationales, trop étroites, pour irradier à travers le monde et trouver à la fois de nouveaux produits (poudre d'or, gomme, bois, peaux et ivoire) et de nouveaux espaces de développement dans un contexte de capitalisme commercial et financier primitif, surgi à la fin du XVe s. et au début du XVIe s., d'abord concentré vers la colonisation de l'Amérique. C'est dans ce sillage que s'est développée la traite par l'Atlantique qui réalisa, chemin faisant, la connexion économique et commerciale de trois continents : Europe, Amérique et Afrique. »[123]

[123] Djibril Samb, *L'Afrique dans le temps du monde*, Paris, L'Harmattan, 2010, p. 13.

En partant de la même idée, Samir Amin va plus loin en repoussant ainsi la naissance du phénomène que nous appelons communément mondialisation à la conquête de l'Amérique. Une conquête admirablement marquée par l'extermination et le parcage des devanciers amérindiens. Il faut comprendre par là la naissance de l'esprit dominateur et usurpateur qui semble fonder, d'une part, ledit phénomène[124] dans son ouverture vers les autres humanités, civilisations et stratégies politico économiques du monde et qui est en contradiction avec l'esprit même de la conquête de la liberté des WASP ; l'objet fondamental de leur migration de l'Angleterre vers les nouvelles terres d'Amérique étant la liberté.

Néanmoins, nonobstant la violence avec laquelle les envahisseurs dépossèdent les ayants droit, on tenta de légitimer la mission d'évangélisation, après avoir polémiqué sur l'idée de savoir si la race indienne est vraiment identifiable à notre humanité. Lors de la visite de Benoît XVI, à la basilique d'Aparecida (entre Rio de Janeiro et Sao Paulo) le dimanche 13 mai 2007, le représentant pontife s'interrogea :

> « Qu'a signifié l'acceptation de la foi chrétienne par les peuples d'Amérique latine et des Caraïbes ? Pour eux, cela a signifié connaître et accepter le Christ, ce Dieu inconnu que les ancêtres, sans le réaliser, recherchaient dans leurs riches traditions religieuses. Le Christ était le Sauveur qu'ils désiraient silencieusement. »[125]

Vraisemblablement, presque tous les présidents américains ont, d'une façon ou d'une autre, perpétué ce dessein expansionniste nonobstant les discours autour de la liberté et de la citoyenneté. Un homme d'État comme Abraham Lincoln s'est bien donné pour la cause abolitionniste de l'esclavage sans doute, mais ceci n'enfreint en rien l'expression de son sentiment « nationaliste » d'une Amérique envahisseur, armée d'une audace digne des monarques de droit divin sur les autres peuples. C'est devenu une culture chez les présidents. Barak Obama confesse sur la tradition présidentielle considérée « providentielle », selon lui. Reprenant le point de vue de John Quincy Adams sur l'Amérique, sur son destin quasi « divin », il écrit :

[124] Notre propos ne cherche point à déclarer l'inutilité de la mondialisation, mais nous voulons au juste souligné son essence conquérante et usurpatrice.

[125] Le Monde, 15 mai 2007.

« *La providence l'avait chargée de créer un monde nouveau, pas de réformer l'ancien.* »[126]

Ainsi, par ses présidents déifiés, l'Amérique s'est toujours donnée comme « le maître du monde » devant tracer, de façon anhistorique le destin des peuples. Il y a une part certes positive dans la culture de cette mentalité, mais le drame c'est qu'elle promeut une sorte de « schizophrénie » collective chez la majorité des leaders américains. Les présidents américains ont une somme de faiblesses : difficilement ils reconnaissent leurs erreurs historiques au détriment de nations, difficilement ils digèrent voir leur position tombée à l'eau lors des sommets de l'ONU (par exemple), difficilement (voire jamais) ils disent non à la pression des lobbies internes et nationalistes…

III.2. L'AMÉRIQUE LE MYTHE DU « PEUPLE ÉLU » !

> « Sincèrement, est-ce que vous avez l'impression que vous vivez dans un pays de crétins ? Dans le temps, j'essayais de me consoler à ce sujet en me tenant systématiquement le discours suivant : « Même s'il y a deux cents millions d'abrutis complets dans ce pays, ça nous laisse au moins quatre-vingts millions de personnes qui peuvent piger de quoi je cause – et ça fait quand même plus que la population du Royaume-Uni et de l'Islande réunis ! »[127]

III.2.A. L'Amérique : une jeunesse éduquée aux symboles et à l'ignorance

> « Alors, si vous réalisez que vous vivez dans un pays où quarante-quatre millions de personnes ne savent pratiquement pas lire — et où près de deux cents millions savent lire, mais ne lisent probablement jamais —, eh bien il y a vraiment de quoi flipper. Un pays qui produit des étudiants illettrés à la pelle, *mais qui fait tout pour rester dans l'ignorance la plus noire* est un pays qui ne devrait pas avoir le droit de régner sur le reste de l'humanité au moins pas tant que la majorité de ses habitants ne sont capables de repérer le Kosovo (ou tout autre pays que les États-Unis ont bombardé) sur la carte du monde. »[128]

---

[126] *L'audace d'espérer*, op., cit., p. 284.

[127] Michael Moore, *Mike contre-attaque ! Bienvenue aux États stupides d'Amériques*, op., cit., p. 103.

[128] Ibid., p. 101.

Peuplée d'environ 320 millions de personnes [238 millions pour d'autres], dont 158 millions d'adultes et 80 millions d'enfants, l'Amérique nourrit une « fierté de soi nationale » qui frise un narcissisme collectif béat et ravageur. Le peuple américain est un peuple éduqué aux symboles et à l'ignorance, même s'il reste par ailleurs une grande nation. Pour s'en convaincre, on va, en mettant de côté l'idée extravagante que « l'Opinion » quasi mondiale se fait tragiquement de la « grandeur » de *l'homme américain*, interroger un instrument des sociétés modernes qui est susceptible de déterminer, entre autres, les identités sociales et psychologiques des peuples ? Il s'agit de ce qu'on a convenu d'appeler : les appareils idéologiques. Particulièrement, l'école et les médias (la télévision pour ce cas) permettent de jauger le niveau de culture et l'imaginaire collectif américain.

On va s'intéresser à la place et à la situation de l'école publique américaine, d'une part, et celles du poids des médias audiovisuels sur la jeunesse et sur les adultes, d'autre part. Cela va nous permettre de répondre à la question : qu'est-ce qui est à l'origine de l'emblématique fierté « narcissiste » de la nation américaine ? Est-ce les conséquences d'une socialisation réussie, relativement à une culture citoyenne locale forte ? Est-ce que le phénomène est plutôt lié à une morale commune, chevaleresque et historique ? Ou, plutôt, est-ce lié à un illettrisme d'envergure et à une permanente manipulation de la part des politiques et des médias ?

Pour donner une illustration de ce narcissisme collectif, au-delà des nombreuses bavures, évoquons la fierté du peuple américain. Ce sentiment se traduit comme une sorte de vanité collective qui se nourrit du sentiment de supériorité vis-à-vis des autres au nom de la « Vérité ». Pour le président Obama, le peuple américain — par référence à la tradition des pères fondateurs — est sans doute honnête et loyal. Il affirme :

> « Non seulement mes rencontres avec les électeurs m'ont confirmé l'honnêteté foncière du peuple américain, mais elles m'ont rappelé qu'au cœur de l'expérience américaine un ensemble d'idéaux continue à stimuler notre conscience collective : un patrimoine commun des valeurs nous unit malgré nos différences, un fil d'espoir permet à notre expérience improbable de la démocratie de fonctionner. Ces valeurs et ces idéaux ne trouvent pas seulement leur expression sur les stèles en marbre de monuments ou dans la récitation des manuels d'histoire. Ils demeurent vivants dans le

cœur et l'esprit de la plupart des Américains et sont à même de nous inspirer orgueil, sens du devoir et du sacrifice ».[129]

Pour commencer par l'éducation, les américains, si l'on s'appuie sur des échantillons, ne sont pas de grands lecteurs. Sont-ils alors de bons lecteurs ? Là aussi, il y a de quoi en douter. En tout cas, du jeune américain englouti dans un océan de bandes dessinées, d'endoctrinement sauvage dès l'école primaire, de publicité des multinationales (comprenez d'une société noyée dans la consommation) aux politiques (ex. Sarah Palen, Georges Bush, Maxwell Gluck, William Clark…), le manque de culture défie l'entendement. Dans le souci primordial de se fonder sur des chiffres provenant d'enquêtes, on peut lire sous la plume de Michael Moore que :

> « C'est une glorieuse tradition chez nous, les Américains, que d'être représentés par des hauts fonctionnaires parfaitement incultes. En 1956, Dwight Eisenhower nomma ambassadeur à Ceylan (aujourd'hui Sri Lanka) un énergumène qui se révéla parfaitement incapable d'identifier le nom du Premier ministre de ce pays, pas plus que celui de sa capitale, lors de son audience de confirmation devant le Sénat. Pas de problème, Maxwell Gluck fut quand même confirmé à son poste. En 1981, dans les mêmes circonstances, le candidat de Ronald Reagan au poste de vice-secrétaire au département d'État, William Clark, avoua ses nombreuses lacunes en matière de politiques étrangères : Clark n'avait pas la moindre idée des positions de nos alliés européens quant à l'installation de missiles nucléaires américains sur leur territoire, pas plus qu'il ne connaissait les noms des Premiers ministres sud-africain et zimbabwéen. Mais sa nomination fut bien entendu également confirmée. Tout ça préparait le terrain à Bébé Bush, qui, on s'en souvient, n'avait pas très bien assimilé les noms des dirigeants de l'Inde et du Pakistan, deux des sept pays à posséder la bombe atomique. »[130]

L'exemple de Michael Moore trouve son écho jusques et y compris au traitement que le gouvernement d'Obama fait des informations concernant d'autres pays. Le 27 juin 2013, chez nous au Sénégal, le président américain, à côté de son homologue le président Macky Sall,

[129] Barack Obama, *L'audace d'espérer*, Trad. Jacques Martinache, Paris : Nouveaux Horizons, 2008, p. 16.

[130] Ibid., p. 104.

prononça un discours adressé aux Sénégalais et aux Africains devant une équipe, bien sélectionnée, de journalistes, de fans et de membres du gouvernement sénégalais. Nous avons été très surpris et choqués de l'ignorance ou du manque d'information d'Obama sur le niveau de vie intellectuelle des Sénégalais, leurs efforts en matière de formation et de recherche. Comme dans un conte de fées, M. le président des États-Unis promet aux jeunes sénégalais de leur offrir des manuels d'études pour renforcement et des ordinateurs pour initier le maximum aux TIC. Nous nous sommes sentis vexés par ce propos qui donnait le sentiment que les Sénégalais sont de misérables personnes, ignares, qui auraient besoin d'un coup de pouce pour apprendre à lire et mieux entrer dans « la civilisation » des TIC ! Depuis des décennies déjà cette activité figure dans l'agenda théorique et pratique de nos établissements scolaires, M. Obama. Ensuite, les conseillers d'Obama devraient, avant son discours, lui rappeler que nous ne sommes plus dans les années 60, mais plutôt au XXIe siècle !

Les relations diplomatiques devraient exiger le maximum de culture ou, tout au moins, le minimum d'information. Mais, tout dépend aussi de l'importance et de la centralité que les gouvernants accordent, au plan individuel et collectif, à la lecture et aux discours officiels. Sur ce plan les États-Unis donnent l'image d'un « géant aux pattes d'argile ». Depuis des années nombreuses, ses budgets militaires augmentent de façon monstrueuse tandis que l'éducation et la culture sont laissées progressivement en rade.

Selon Moore :

> « Aux États-Unis, quarante-quatre millions de personnes ont un niveau de lecture et d'écriture tout juste équivalent à ceux d'un élève de CM1, ce qui revient à dire qu'il y a quarante-quatre millions d'analphabètes fonctionnels. [...] Ce qui veut dire que notre activité fait partie des 99 heures par an consacrées à la lecture par un Américain adulte — contre 1 460 heures de télévision en moyenne. J'ai également lu que seulement 11% des Américains prennent la peine de lire un quotidien, si l'on excepte la bande dessinée du jour et les petites annonces. [...]. Les étrangers n'ont donc guère été surpris qu'un pays aussi satisfait de sa propre ignorance crasse ait « élu » à la présidence un type qui ne lit pratiquement jamais rien — pas même les rapports que lui soumet

> son cabinet — et qui croit que l'Afrique est le nom d'un État, pas d'un continent. Un crétin à la tête d'un pays de crétins. »[131]

En réalité, lorsqu'une nation à des problèmes avec la lecture et avec la culture en général, c'est son système éducatif qu'il faut interroger via la volonté politique de ses gouvernants en la matière. Pour le cas des sociétés industrialisées et développées, les tendances sont plus favorables à la consommation ; les usages y sont plus conduits par le goût à la mode et à la répétition que par les besoins vitaux et les références aux valeurs cardinales. Même pour la santé publique américaine, la consommation est devenue une vraie ennemie, un vaste empire avec ses dégâts énormes. Les riches y sont plus exposés tandis que les pauvres ploient sous le poids de l'envie et de la ghettoïsation. L'obésité fait des ravages dans la jeunesse américaine, transformée en cobaye alimentaire par les trusts. Pour Dominique Belpomme, l'obésité touche « *60% de la population aux États-Unis, 30% en Europe et 20% des enfants en France* »[132]. Serge Latouche sonne l'alerte et met en garde les pays occidentaux qui remportent la palme :

> « Nous consommons trop de viande, trop de graisse, trop de sucre, trop de sel. Nous sommes plutôt guettés par le surpoids. Nous risquons le diabète, la cirrhose du foie, le cholestérol et l'obésité. Nous nous porterions mieux en faisant la diète »[133].

L'Amérique ne fait pas l'exception dans la défaillance scolaire contrairement à ce que stipule le préjugé favorable en matière. L'école américaine, depuis le président Nixon, valse entre les défaillances suivantes : chute des budgets alloués à l'école, déficit de personnels, manuels d'études vétustes et démodés, bâtiments vétustes, mépris à l'encontre du corps enseignant, accaparement de l'espace scolaire par les cartels et les firmes (Coca-Cola, Pizza Hut, General Mill et Campbell's, Pepsi-Cola, Mc Donald, etc.) et démission progressive des autorités, sans oublier l'emprise des inconvénients de l'internet. Bref le capitalisme s'empare de cet espace idéologique pour imposer sa vision réductrice et égoïste. Beaucoup de citoyens américains en sont conscients et dépités, mais se sentent désarmés face à l'immense machine corruptrice de ce système.

---

[131] Ibid., pp. 102, 103.

NB : En parlant de « président », Moore fait allusion à J. W. Bush.

[132] *Avant qu'il ne soit trop tard*, Paris, Fayard, 2007, p. 138.

[133] *Petit traité de la décroissance sereine*, Paris: Mille et une nuits, 2007, pp. 11, 12.

Les firmes et cartels bombardent les jeunes de publicités sauvages, jusques et y compris dans les salles de classe. De l'avis de Serges Latouche, pour que la société de consommation perpétue sa « ronde diabolique », trois choses sont nécessaires :

> « [...] la publicité, qui crée le désir de consommer, le crédit, qui en donne les moyens, et l'obsolescence accélérée et programmée des produits, qui en renouvelle la nécessité. Ces trois ressorts de la société de croissance sont de véritable "pousse au crime"»[134]

En 2003, aux États-Unis, 103 milliards de budgets sont consacrés à la publicité. Constituant le deuxième budget mondial après l'armement, la publicité mobilise 500 milliards de dépenses annuelles. Tout cela crée, de l'avis de Latouche, une pollution matérielle, auditive, visuelle, mentale et spirituelle.

En 1999, environ 25% des écoles publiques américaines ont signalé qu'au moins un de leurs bâtiments se trouvait dans un état critique. La rentrée scolaire a dû être repoussée de trois semaines, en 1997, à Washington, parce que le tiers de ses établissements présentaient des défaillances sécuritaires. En plus, près de 10% des écoles reçoivent 25% d'élèves en plus de ce que leur permet leur capacité d'accueil. Faute de salles disponibles, certains cours ont lieu dans les halls, dans la cour, dans les salles de gym ou dans les cafétérias. Dans cette même période, à New York, près de 15% des 1 100 écoles publiques n'ont pas de personnel d'entretien à plein temps ; les professeurs devaient se charger de balayer leurs classes et, pire encore, il n'y a pas de papiers dans les toilettes des élèves. Certaines écoles font vendre des bonbons à leurs élèves dans les rues pour pouvoir acheter des instruments de musique pour l'orchestre du collège.

Les quelques références que nous avons données — parmi plusieurs autres exemples — témoignent des difficultés des États à asseoir une politique éducative cohérente et performante face à un État fédéral confus. À la crise de l'école publique, il faut ajouter la défaillance des bibliothèques scolaires et publiques, miroir de la culture. Elles rencontrent trois problèmes fondamentaux. En dehors des problèmes de budget, il faut évoquer : la vétusté des documents liée au manque de renouvellement des ressources livresques, la fermeture définitive de certaines et la réduction des horaires de fonctionnement. Successivement les présidents américains ont, par

---

[134] Ibid., p. 33.

leurs politiques respectives, corroboré des choix qui auraient approfondi la déchéance. Citons les cas de Nixon et de Georges W. Bush. À en croire Moore :

> « Qui est responsable du déclin de nos bibliothèques ? Pour ce qui est des bibliothèques scolaires, on peut montrer du doigt (ouais, ce doigt-là) Richard Nixon. À partir des années 1960, l'État fédéral disposait d'un budget spécifique pour les bibliothèques scolaires. Mais, en 1974, l'administration Nixon changea les règles et attribua aux États des dotations « en bloc » que chacun d'entre eux pouvait choisir de dépenser à sa guise. Peu nombreux furent ceux qui accordèrent une priorité aux bibliothèques, et ce fut le début de leur déclin. C'est là une des raisons pour lesquelles le matériel documentaire disponible dans nombre d'institutions scolaires date des années 1960 et des années 1970, avant la réforme budgétaire. »[135]

Georges Bush va s'inscrire dans la même logique de spoliation excessive. Moore poursuit :

> « Il s'agit d'une pratique avec laquelle le "président" Bush est apparemment tout à fait d'accord : il a proposé de faire passer le budget fédéral des bibliothèques de 207 à 168 millions de dollars soit près de 19% de réduction. »[136]

Lorsqu'un groupe, un pays, une équipe, une nation ou n'importe quel regroupement d'hommes est endoctriné à outrance sans la référence sincère et désintéressée à des valeurs humaines véhiculées à travers un système éducatif performant, des représentations mentales raisonnables avec un sens d'ouverture respectueuse, alors, au lieu de produire un citoyen attaché aux valeurs chevaleresques, on risque de promouvoir beaucoup de schizophrènes narcissistes et dangereux. Sans en vouloir ainsi à la naïveté et à l'innocence de beaucoup d'Américains, c'est plutôt leurs politiques en ce sens qu'il faut remettre en cause. Cette schizophrénie de masse peut être aperçue dans des circonstances particulièrement choquantes.

Prenons des exemples. On se souvient des révélations fracassantes des soldats américains revenant de l'Irak ou de l'Afghanistan : vol d'objets historiques, profanation de lieux de culte, viols, snipeurs en jeux de tir à balles réelles sur des civils... Bradley Manning et Edward

---

[135] Ibid, p. 117.

[136] Ibid. , p. 116.

Snowdon ont touché du doigt les exactions militaires frauduleuses, les bavures diplomatiques, l'espionnage d'État, bref le banditisme d'État de haut niveau, opéré par l'Amérique. Et pourtant, historiquement, les gens oublient par exemple le but temporaire de la nécessité pour l'Amérique de créer une « institution » telle que la CIA ; on oublie le débat sur l'impératif de la dissoudre après « l'atteinte » des objectifs pour lesquels elle a été créée. Nous nous posons la question alors : à quelle fin la CIA continuera-t-elle d'exister ? De l'avis de la spécialiste des États-Unis, Marie Agnès Combesque :

> « Créée en 1945 par le National Security Act, la Central Intelligence Agency remplace l'ancien OSS (Office of Strate-gic Services) et joue un rôle important durant la guerre froide. Usant des méthodes diverses qui vont des opérations paramilitaires à l'infiltration de mouvements ennemis, en passant par l'analyse et la compilation de statistiques, la centrale de renseignement américain a connu un certain nombre de succès (en Iran en 1953, et dans de nombreux pays d'Amérique centrale au cours des années cinquante et soixante), mais aussi de nombreux revers (tel le débarquement avorté de la baie des Cochons en 1961). Depuis la fin de la guerre froide, certains, au sein du Congrès, se demandent si la CIA sert toujours à quelque chose. »[137]

M. Bradley Manning a été condamné pour avoir, disent-ils, transmis près de 750 000 documents « top secret » à Wikiliks. Quant au consultant Edward Snowdon, après avoir donné à Wikiliks beaucoup de documents top secret sur l'espionnage réalisés par la NSA, il s'exila pour échapper aux poursuites lancées par le gouvernement américain. L'espionnage d'envergure de l'État américain n'a jamais été un secret, mais il a atteint son paroxysme lorsqu'il s'appliqua à l'institution censée représenter la « quasi-totalité » des États du monde : l'ONU[138]. D'autres pays européens se rendront compte d'en être victimes. L'espionnage d'État se rajoute ainsi à la liste des bavures militaires.

Depuis les attaques barbares contre l'Irak et l'Afghanistan, combien de soldats américains ont sombré dans la folie et la démence ? Certains sont devenus de potentiels tueurs en séries dès leur retour de mission. Dans la page *Webdo-courrier international* de l'hebdomadaire Tunis Hebdo du 25 mai 2015, on note :

---

[137] *Mythologies américaines*, op. cit., p. 162.

[138] I24 News TV/Journal 10h/27.08.2013.

> « En avril 2014, sur la base Fort Hood, la plus grande base militaire des USA, un soldat a tué trois de ses collègues et blessé une quinzaine d'autres avant de se suicider. Il avait servi quatre mois en Irak en 2011 et souffrait de dépression. Cette même base avait été le théâtre d'une fusillade encore plus meurtrière en 2009. Le major Nidal Hasan avait fait feu sur ses collègues, faisant 13 morts. L'enquête a montré qu'il était lié à Al-Qaïda. En 2009, sur une base militaire en Irak, un soldat américain a tué cinq de ses collègues, trois soldats hospitalisés et deux médecins-officiers. Il est à noter que son supérieur avant une semaine avait fait une demande afin que son arme lui soit confisquée, jugeant son état instable. Au juge qui lui demandait la raison de son geste, il a répondu : " Je l'ai juste fait parce que j'avais la rage".

Combien de marines se sont suicidés après avoir donné la mort à leurs semblables dans les bases militaires ? Pour la plupart d'entre eux, ils ont laissé derrière eux des testaments faisant état de leur regret, de leur remord — devenu une vraie torture morale et psychologique — face aux souvenirs de bavures (meurtres gratuits, viol collectif, vol, désacralisation d'objets symboliques et sacrés, tortures de civils, jeu de tir à distance sur des civils innocents…) perpétrées en Irak ou en Afghanistan. D'autres soldats ont tout simplement embrassé l'Islam, une façon de se racheter et d'effacer leur cruauté d'antan. Dans des cas rares, on a vu aussi d'anciens marines rallier les rangs de l'ennemi en devenant des djihadistes.

En dehors des militaires, la schizophrénie collective engage toute la société américaine, particulièrement la jeunesse, plongée dans un doute moral qui s'avère souvent ravageur. De ce fait, l'école est devenue un cadre de socialisation-désocialisant où les acteurs se retrouvent entre le marteau et l'enclume, c'est-à-dire entre les échos pervers de la crise morale et sociale (insécurité, peur, délinquance, alcoolisme, débauche, criminalité élevée, racisme, perversité…) et l'accaparement du cadre scolaire par les multinationales hyperpuissants. Le sentiment de méfiance est omniprésent dans cet espace qui devrait être apaisant ; on se rappelle les séries de tueries dans les écoles américaines entrainant de réels débats au Sénat et à la présidence sur l'usage des armes à feu et sur la législation portant sur la détention d'armes à feu. Des enquêtes estiment qu'en 2013 il y a eu 24 cas de fusillades dans les écoles aux États-Unis.

Finalement, l'école est devenue un espace surchargé de tensions comme dans une brigade de contrôle. Au-delà du « check-point » matinal, quotidien et obligatoire, les apprenants doivent être encadrés et surveillés comme du lait sur le feu. Moore rapporte le *texte d'identification psychologique et physique* d'un potentiel délinquant ou tueur adressé aux écoles et affiché sur tous les murs et tableaux. Ce texte est une alerte aux élèves :

> « Êtes-vous un assassin potentiel ?
> Ci-dessous une liste de caractéristiques identifiées comme « à risque » par le FBI suite à la série de massacres perpétrés par des adolescents dans des lycées. Si jamais vous croisez un lycéen qui correspond à cette description, prenez le large.
> — Facilement dépassé par les évènements
> — À accès à des armes
> — Tendance à la dépression
> — Consommation excessive de drogues et d'alcool
> — Sentiment d'aliénation
> — Tendance au narcissisme
> — Accès d'humour macabre
> — Passe des journées entières devant la télévision et sur Internet sans aucun contrôle
> Étant donné que chacun d'entre vous peut se reconnaître dans cette description, quittez immédiatement le lycée. Pas la peine d'étudier tout seul à domicile, car vous êtes aussi un danger pour vous-même. »[139]

Les « libertés » poussées à l'extrême (droit à l'avortement, droit à faire usage de son corps, sexualité désorganisée chez les jeunes, alcoolisme, etc.) ont fini de désintégrer la structure sociale, particulièrement la famille américaine. L'attitude guerrière et arrogante de beaucoup d'Américains en des moments d'euphorie de guerre (les deux guerres du golf [1980-1988/1990-1991], l'invention de l'Irak [2003] ou celle de l'Afghanistan, etc.) ou lors de traques contre des « terroristes » (l'élimination de Ben Laden et de ses commandos) dérange plus d'un citoyen du monde. C'est une posture qui reste très incompréhensible pour des gens raisonnables, du moins, pour ceux qui n'ont pas, par curiosité, eu à interroger de l'intérieur l'éducation de la mentalité des jeunes américains. Ces derniers sont éduqués pour être les « maîtres du monde » et il faut tous les artifices et slogans pour que le jeune américain sente son statut « d'homme singulier ».

---

[139] Ibid., 126.

C'est un peuple incontestablement fort au plan matériel et sur le plan de ses symboles historiques certes, mais à cela contraste le vécu d'un peuple manipulé à volonté, désabusé et tenu dans une vanité et une ignorance dangereuses par les ténors du capitalisme dominant. La référence habituelle aux valeurs et « pères fondateurs », dans les discours de présidents américains, n'a point empêché ces derniers, au cours de leurs histoires, de mettre en œuvre des politiques à la détresse des populations américaines et non américaines. Le président américain incarne ainsi le « Bad boy » dans sa version « civilisée » et politique.

La jeunesse américaine, pour ne pas dire même une partie écrasante du peuple américain, est tiraillée entre le jeu, la télé et les autres vicissitudes de la société de consommation comme la nourriture exagérée, la débauche et un temps bien sûr restreint, pour le job. Le « pragmatisme » prétendu du peuple américain peut être traduit ou confondu à un dédain envers le « détail » — comme nous y habitue par exemple l'esprit littéraire très méticuleux — des masses laborieuses de ce pays. Attention, pas de confusion, au plan scientifique et au plan littéraire (à travers ses auteurs et grands bâtisseurs) l'Amérique fait le poids ; mais nous ne parlons pas ici des particularités. Ce faux pragmatisme, très hypothétique, une fois jaugé en dehors de la course vers l'enrichissement capitaliste — d'où le slogan qui leur est souvent assigné : « time is money » — ne milite pas en général dans le sens d'une aspiration au dialogue fécond et au respect de l'autre qui n'est pas américain.

La sensibilité forte et démesurée de l'homme américain vis-à-vis des slogans, des spots, des tracs, des astuces et des symboles est tellement comprise des leaders politiques américains qu'ils en trouvent une fibre sensible très stratégique en politique pour amadouer les foules. Les leaders étudient et contrôlent minutieusement cette sensibilité lors de leurs activités de campagnes électorales. Au plan de la communication politique, c'est un créneau assez fort qui permet d'augmenter ou de diminuer son électorat lors d'un simple exercice de speech. On peut donner des exemples.

Lors des élections présidentielles de 2008, Sarah Palin, « médiocre politique » qui ne connaît rien du reste du monde à part son petit domaine de l'Alaska, mais sachant jouer le créneau des mots, a su élever son électorat par la simple taquinerie verbale à l'endroit du célèbre sénateur Joe Biden. Le sénateur et homme politique, rodé en la matière, est mille fois plus expérimenté qu'elle. Madame Palin n'a, auparavant — avant ces élections présidentielles —, jamais voyagée en dehors de son pays. Lors de leur face à face télévisé, en octobre 2008, il aura suffi pour le maire Sarah Palin de lancer à son interlocuteur la formule laconique « Monsieur, permettez-moi de t'appeler un tel ? », laquelle formule a trop embarrassé le public présent au duel au point de le plonger dans un fou mélange de rires et de coups d'acclamations, pour voir le lendemain son électorat monté d'un cran. Le peuple était ému. Le lendemain, beaucoup de médias ont conséquemment révélé, suivant des sondages, l'accroissement du nombre de fans du maire Sarah Palen. En débat politique, il y a certes une place stratégique pour l'humour et les mimiques, mais le baromètre doit être fixé plus sur le discours, le contenu, la culture, l'expérience et les compétences de l'orateur.

On peut donner un autre exemple pareil pour « rigoler » un peu tout en montrant l'« esprit » dans lequel sont enrôlées les mentalités de beaucoup de jeunes Américains. Personne ne peut nier l'impact émotionnel, euphorique et orgueilleux que fit la fameuse formule « *Yes we can !* » d'Obama lors de son premier discours prononcé suite à son investiture à la tête de la Magistrature suprême des États-Unis. Au-delà même des frontières de cette nation, on a vu scander avec fierté, chez beaucoup d'Africains, leaders ou simples fans, ladite formule qui est devenue paradoxalement un gage à la fois du respect au *black man* et une nouvelle gestion plus humaine possible après la gestion scandaleuse et sanguinaire de Georges W. Bush. Le petit « sourire publicitaire » et passe-partout d'Obama entre dans ce même artifice.

Ce n'est pas un hasard si Sam Leith, dans son livre *You talkin to me ? Rhetoric from Aristotle to Obama*, place Obama au 6e rang parmi les quelques meilleurs rhétoriciens de l'Histoire humaine récente après Satan [*le prince des menteurs*], Marcus Tullius Cicero, Abraham Lincoln, Churchill, Hitler et Martin Luther King Jr. Il écrit à propos de Barack Obama :

> « In his second book. The audacity of hope, the now president credited himself with what he called'a certain talent for rhetoric'. Actually, Obama has rather more than that. He is one of the most

consciously and artfully rhetoric speakers in the recent history of American politics. »[140]

Le verbalisme d'Obama [l'art du beau dire] qui fonde ses discours « d'espoir » se trouve contredit par la plupart des actes que lui et son administration ne cessent de poser, paradoxalement. Il y a un grand hiatus entre la parole et les actions. Le Washington Post résume cette duplicité chez l'homme Obama : « *Le point faible d'Obama est les droits de l'homme.* »[141] Quelle promesse d'espoir Obama n'a-t-il pas suscitée au début concernant la fermeture de la prison arbitraire de Guantanamo ? Quelle promesse d'espoir Obama a-t-il manqué de faire sur le rapatriement des soldats américains éparpillés sur des fronts hypothétiques, coûteux et injustes ? Depuis qu'il est au pouvoir, on n'aurait jamais cru qu'Obama allait un jour taire son « messianisme » hors pair et inaugural.

Au début, pour séduire le « monde musulman » — très irrité contre la politique de croisade déclenchée par les Bush —, Obama n'hésita pas à mettre à contribution la « résonnance musulmane » de son nom « Barak Hussein » en des circonstances particulières pour plaire. Or, lors de la campagne électorale présidentielle et à travers ses livres, Obama, face à ses détracteurs, confesse, sans scrupule, le « désavantage » de son prénom « assez bizarre », qui faisait peur à quelques Américains, selon lui. On ne doit pas oublier de mettre tout cela en rapport avec la peur et la méfiance qu'a suscitées le 11 septembre dans la tête des Américains. Qu'en est-il alors lorsque le successeur de Bush porte un prénom dont la sonorité est, à la fois, proche de celle des prénoms de Ben Laden et de Saddam Hussein ! Couteau à double tranchant : Obama sait se servir de son nom pour plaire ou pour rassurer. Obama est-il à l'image de la jeunesse américaine ?

Le parcours du jeune américain explique pour beaucoup l'ignorance dans laquelle s'emballe une bonne partie du peuple, mais davantage les mauvaises politiques publiques en termes d'éducation performante et surtout de valeurs humaines. Du préscolaire à l'université, le jeune Américain est formé aux symboles, pas forcément patriotiques, mais aussi aux « valeurs » de la consommation

---

[140] *You talkin to me ? Rhetoric from Aristotle to Obama,* London, Profile Books LTD, 2011, p. 218.

[141] cf. Le Courrier international, Paris, 14 mai 2009.

et de la « sacralité » du capital. Sous les fortes impulsions des multinationales et des firmes qui tiennent l'économie libérale et qui sont omniprésentes dans les écrans, aux devantures des discothèques, comme à l'école, la jeunesse est à la merci du harcèlement. Nous parlons bien de l'école américaine en crise de puis longtemps !

Du président Nixon aux Bush, l'éducation, pour être plus général — puisqu'il ne s'agit pas seulement de l'école, mais aussi de la manipulation médiatique —, a fait l'objet d'une négligence et d'une instrumentalisation inouïe. Moore peint la situation macabre de l'école publique qui forme les jeunes Américains. Il décrit le maigre revenu des enseignants :

> « Quelle priorité accordons-nous à l'éducation dans ce pays ? Oh, bien sûr, elle est sans doute budgétée quelque part entre l'inspection du travail et l'hygiène alimentaire. Les individus qui veillent quotidiennement à l'éducation de nos enfants gagnent en moyenne 41 351 dollars par an. Un congressiste dont le seul souci est de savoir quel représentant du lobby du tabac va l'inviter à diner ce soir gagne 145 000 dollars. Vu le profond mépris social qui s'exprime à travers ce salaire de misère, il n'y a pas de quoi s'étonner qu'il y ait si peu de vocation enseignante. La pénurie de professeurs est si forte aux États-Unis que certains districts scolaires doivent recruter des enseignants à l'étranger. Tout récemment, à Chicago, on a dû embaucher des profs originaires de 28 pays différents, dont la Chine, la France et la Hongrie. À New York, lors de la prochaine rentrée, sept mille enseignants seront partis à la retraite et 60% de leur remplaçant ne sont pas des professeurs certifiés. [...] Et ce ne sont pas seulement les enseignants qui sont mal traités : les établissements scolaires des États-Unis tombent littéralement en ruine. »[142]

Face au narcissisme collectif, la jeunesse américaine fait face aujourd'hui à un sentiment de dépossession de leur propre identité. Devant la superpuissance des cartels, des sectes et des lobbies (dont les membres ne sont pas souvent des Américains de souche) qui mènent l'Amérique dans le chantier de leurs intérêts égoïstes, de jeunes Américains, intellectuels très critiques à l'instar de Michael Moore et Alex Jones[143], commencent à dénoncer les « usurpateurs »

---

[142] Ibid., pp. 114, 115.

[143] Alexander Émerick Jones est né le 11 février 1974 à Dallas, Texas (États-Unis). Il est animateur de radio, réalisateur et acteur américain. La presse le décrit comme conservateur et théoricien du complot de droite. Il se considère

qui parlent au nom de leurs États sans hésiter de les engager dans des guerres inopportunes et barbares nourrissant les « intérêts sombres ». Pour cette nouvelle génération consciente, authentique et intègre, la chute des États-Unis partira de ces contradictions, si l'on ne prend garde ! L'Amérique des impérialistes se distingue davantage de celle des nobles américains épris de justice et d'humanité. Il est grand temps de lancer le SOS au secours de la jeunesse américaine désemparée.

III. 2. B. In god we trust[144] or in biology we trust

Le mot Dieu est bien aimé des présidents américains. Il n'est pas rare de les entendre confier l'Amérique à Dieu ; cette fréquence doit-elle témoigner d'un attachement à Dieu et de quel Dieu s'agit-il au fait ? « Dieu bénisse l'Amérique », « In God We Trust », « Dieu est avec l'Amérique », sont des formules habituelles qui finissent par donner, psychologiquement, une impression que l'Amérique est le « vaste sanctuaire » où descendent la bénédiction divine et les prophéties célestes.

Avant de démontrer la fausseté historique de la « devise morale » « In God We Trust », nous pensons que la référence à Dieu, en tout cas dans l'histoire récente des États-Unis, s'est faite plus en temps de crise : assassinats (celui de Kennedy ou celui encore de Lincoln, par exemples), attaque terroriste (11 septembre), catastrophes naturelles (ouragan, typhon, etc.)... Sauf le 4 novembre 2008 (à Chicago, Illinois), lorsqu'Obama prononça un discours victorieux –célébrant sa victoire aux élections présidentielles. Il termine son discours par ces

---

lui-même comme libertarien ainsi que paléoconservateur et constitutionnaliste. Il défend la fameuse idée qu'Obama conduit le monde vers une troisième guerre mondiale (Réf. Infowars.com).

144 Devise nationale officielle des États-Unis depuis son adoption par une loi votée par le congrès en 1956. Il semble que la montée du sentiment religieux, qui aboutit au choix d'une telle devise, prenne son origine dans le traumatisme de la Guerre de Sécession. C'est à cette époque que Salmon P. Chase, secrétaire du Trésor, a reçu un grand nombre de lettres de personnes très pieuses réclamant que le nom de Dieu figure sur les monnaies de l'Union. Il écrit à son tour en 1861 à James Pollock, directeur du United States Mint à Philadelphie (qui frappe les monnaies), pour lui demander de trouver une devise pieuse à apposer aux pièces de monnaie américaines. cf. https://fr.wikipedia.org/wiki/In_God_We_Trust.

mots : « *Merci, Dieu vous bénisse, et que Dieu bénisse les États-Unis d'Amérique* »[145].

Or, cette référence, réellement, a plus une orientation plus politique que religieuse. En deux sens, il s'agit, d'une part, de dompter l'orgueil et la vanité des citoyens américains et de pousser les autres peuples du monde à se faire une bonne impression sur la foi du peuple américain. Au plan politique, quand on est convaincu de devoir mener une mission messianique, on en arrive à un niveau où l'on n'accepte jamais la défaillance du système que l'on promeut. Malheureusement, l'Amérique s'est fait une idée quasi messianique de son système capitaliste, et elle y met tous les moyens dissuasifs, économiques, militaires et diplomatiques pour qu'il soit éternel.

Ainsi, dans ses relations avec les autres pays du monde, n'importe quel système de droit doit se plier ou se conformer à leur modèle, pour ne pas appartenir à « *l'axe du mal* »[146]dont elle se donne le privilège de déterminer les conditions. L'impression d'être investie d'une mission messianique a ceci de fâcheux que, dans le cadre politique, elle légitime la violence, pourvu que le système connaisse un succès. Ensuite, il ne faut pas oublier que Dieu est avec le système. Les notions « respect de l'autre », « tolérance de la diversité » n'ont aucune importance. L'Amérique ignore que la force et la pertinence d'un système ne dépendent pas forcément de ses fondements idéologiques portés par ses défenseurs, elles dépendent plutôt de ses capacités d'adaptation et de la conscience de ses limites. Le système comme l'ordre juridique sont le fruit de la prouesse humaine pour ne pas être infaillibles :

> « Aucun ordre juridique ne supporte la possibilité de sa propre destruction. Les hommes qui représentent les différentes instances du droit changent, la mentalité des membres de la collectivité évolue, mais l'autorité de la loi doit rester intacte. Pour qu'il en soit ainsi, il faut que le contenu de la norme juridique, du moins celui de la loi fondamentale, ne varie pas avec les équipes gouvernementales (…). Cette stabilité essentielle à l'ordre

---

[145] Barack Obama, *Le changement, nous pouvons y croire*, Paris, Odile Jacob, Traduction Jean-Luc Allouche, Michel Bessières, Agnès Botz et Michèle Garène, 2009, p. 332.

[146] Formule de J. Bush fils juste avant l'invasion de l'Afghanistan.

juridique ne s'impose pas par la force : elle se fonde sur le respect. »[147]

L'autre sens que peut avoir la référence à Dieu, à travers la formule « In God We Trust », est, cette fois-ci, historiquement liée à l'héritage chrétien, précisément le symbolisme autour du « Dieu-père ». L'idée symbolique d'être sous la protection d'un Dieu « père » qui protège « ses enfants » crée mentalement, psychologiquement et sur le plan de l'imaginaire, un rapprochement anthropomorphiste avec Dieu. Le sentiment de proximité, à son tour, inspire la garantie d'être nécessairement sous la protection d'un « père », soutien inconditionnel. Cela a bel et bien, sur une longue période, occasionné une mentalité qui propulse les adeptes de tels schèmes dans un particularisme narcissique qui risque, contrairement à la recommandation kantienne, de traiter tous les autres comme des instruments et non des alter ego. Un tel souci de respect mutuel devrait régir le rapport des États-Unis aux autres peuples. Mais hélas, le narcissisme l'emporte sur la raison !

Justement, parce qu'il doit s'agir d'un souci éthique, qui doit garder son rayonnement nonobstant la force des jeux géopolitiques égoïstes, car il y va de la sauvegarde de l'humanité humaine. En tout cas, sur le point de la préservation du code éthique au plan des normes, les États-Unis, depuis longtemps, pour certains et depuis quelque temps, pour d'autres, cessent d'être une référence ; ils sont comme aveuglés par les calculs géopolitiques, quitte à peut être remplacée au point de faire payer injustement à un autre pays la plus lourde tribu. Au plan intérieur, de ce point de vue, l'esprit républicain, de droit et de liberté ou encore la référence à la démocratie, qu'ils sont supposés tenir des pères fondateurs semble et s'avouent être, sans ambages, une trahison et une grosse chimère. Idem pour la référence à la Bible !

Les sectes protestantes qui se sont trouvées dans l'obligation d'émigrer de l'Angleterre du XVIe siècle avaient développé une interprétation fort particulière du christianisme, que ne partagent ni les catholiques et les orthodoxes ni même — du moins au même degré d'extrémisme — la majorité des protestants européens, y compris bien entendu les anglicans, dominants dans les classes dirigeantes de l'Angleterre. La raison fondamentale est que la référence à une « nouvelle orthodoxie » libératrice s'est transformée en un

[147] Mahamadé Savadogo, *La parole et la cité*, Paris, L'Harmattan, 2002, p. 21.

symbolisme débordant. L'image qui se dégage est celle de la fuite d'une extrémité vers une autre extrémité. La Réforme dans son ensemble rétablissait l'Ancien Testament que le catholicisme et l'orthodoxie avaient marginalisé dans une interprétation du christianisme non comme faisant suite au judaïsme, mais comme rupture avec celui-ci. Finalement, la tradition religieuse est plus un conglomérat de sectes.

Or, la forme particulière du protestantisme implantée en Nouvelle-Angleterre va être appelée à marquer l'idéologie américaine d'une empreinte forte, jusqu'à nos jours. Car elle sera le moyen par lequel la nouvelle société américaine partira à la conquête du continent, légitimant celle-ci dans des termes puisés de la Bible (la conquête violente par Israël de la terre promise, thème répété à satiété dans le discours nord-américain). Les Indiens n'avaient pas été considérés comme des hommes, c'est pourquoi, de l'avis de Jean Ziegler écrit :

> « Si les Indiens étaient reconnus comme pleinement humains, s'ils étaient bien des enfants de Dieu et associés au plan de rédemption du Christ, personne n'aurait le droit de les réduire en esclavage ni de leur voler leurs terres, leurs forêts et leurs minerais. Il faudrait rémunérer leur travail, leur acheter leurs biens… Ce qui provoquerait, à coup sûr, la ruine de l'empire. »[148]

Par la suite, les États-Unis étendront à la planète entière leur projet de réaliser l'œuvre que « Dieu » leur a destiné à accomplir. Car le peuple des États-Unis se vit comme le « peuple élu » — synonyme dans les faits de Herrenvolk —, pour reprendre la terminologie nazie parallèle et celle des juifs ultra-orthodoxes. Nous en sommes bien là aujourd'hui. Et c'est pourquoi l'impérialisme américain (et non « l'Empire ») est appelé à être encore plus sauvage que celui de ses pionniers. De l'abolition de l'esclavage, passant par la lutte contre le racisme, à lutte contre l'avortement, un caractère demeure intact : le sentiment de l'impérialisme. Une « belle » démocratie intérieure, une démocratie extérieure à deux visages laborieux et hypocrite.

Un érudit américain, Norman Cohn, a tenté, dans son livre *The pursuit of the millenium* (second edition, New York, 1961) de percer ce foisonnement entre la colonisation américaine, la variété des croyances et les « prophéties » des sectes. Tout est lié ; on est, à la fois, dans une mythologie, un syncrétisme, une aspiration

---

[148] *La haine de l'occident*, op. cit. , p. 239.

chevaleresque, un impérialisme, un prophétisme, une citoyenneté narcissique et une forme de sectarisme ravageur. Le tout exprimé dans un attachement à la survie d'un peuple assez particulier. Ce sentiment de « peuple élu » suit les États-Unis depuis les origines de sa lointaine histoire. Mircea Eliade qualifie cette perception d'une sorte de « nostalgie » envers un passé mythique et « glorieux », mais perpétuée dans un « éternel présent ». On peut parler ainsi des « implications eschatologiques » de la colonisation, depuis le début, mais que les sectes ont su symboliser à travers des rites, fussent-ils violents.

De l'avis de Mircea Eliade, la découverte et la colonisation de la terre nouvelle des Amérindiens étaient fondées sur une pure eschatologie sanglante, un vrai mythe d'origine d'une terre promise — peut-être cette fois-ci aux colonisateurs WASP —, pour dire que le narcissisme collectif du « peuple de gloire d'Amérique » est consubstantiel à deux choses : l'occultisme, traduit plus tard par la prolifération de sectes au détriment du christianisme, et l'esprit de fierté du colonisateur. Le danger, lorsque des sectes dominent, par leurs visions, l'imaginaire collectif d'un peuple et influencent l'expression de sa fierté patriotique, ce sont deux sentiments très dangereux : le sentiment d'être supérieur à tout le monde et celui de n'accorder aucune valeur au sang d'autrui dès l'instant que l'on pense être investi d'une prophétie. Pour démontrer le lien historique du sentiment d'être un « peuple béni par Dieu » :

> « Il y a, surtout, l'analyse rigoureuse des implications religieuses de la colonisation de l'Amérique ; car, comme nous le verrons plus loin, la découverte et la colonisation du Nouveau Monde ont eu lieu sous le signe de l'eschatologie. »[149]

Selon Mircea Eliade, la conquête de l'Amérique est une sorte de découverte d'une terre « perdue », un paradis octroyé par Dieu aux conquérants en quête de liberté. L'esprit de conquête et le narcissisme sont historiquement gravés dans le mental américain. L'un des signes simples est la permanence de la mention du terme « paradis » dans les derniers ouvrages (récents) portant sur la conquête de l'Amérique. On peut en citer :

> « Visão do paraiso: os motivos edenicos no descobrimento e colonizaçâo do Brasil, Rio de Janeiro, 1959, par Sergio Buarque de Hollanda ; The Quest for paradise in Christian Thought, 1961 par

[149] Mircea Eliade, *La nostalgie des origines*, Paris: Gallimard, 1971, p.150.

George H. Williams, avec ce sous-titre : From the Garden of Eden and the Sinai desert to the American frontier unique. »[150]

Les eschatologies « postmodernes », si l'on peut se permettre une telle circonscription, ont ceci de tragique qu'elles constituent le fondement des orientations politiques, socio-économiques, idéologiques, militaires de beaucoup de pays. En termes plus explicites, la plupart des visées géopolitiques et la géostratégie des puissances du monde ne peuvent être comprises aujourd'hui qu'aux travers les prismes d'eschatologies en général exclusives au plan des communautés humaines. L'attachement d'Obama et des États-Unis aux cellules souches et aux multiples astuces du genre s'abreuve d'une futurologie dont les motifs eschatologiques sont jusque-là ignorés sauf peut être des nombreux services secrets des États-Unis.

Le vocabulaire spécifiquement eschatologique, axiologique et apocalyptique de Bush, à partir du 11 septembre, aurait suscité le soupçon et les interprétations de beaucoup d'analystes et de simples observateurs, en ce sens que lui-même il se prophétisait. Les notions « axe du mal », « croisades contre le mal », « *liste noire* », « *Dieu est avec l'Amérique* » et les termes « *Dieu* », « *bien* », « *voyou* », « *Salut* » (etc.), étaient très fréquents dans ses sorties médiatiques incendiaires. Sans chercher à comprendre les « croyances secrètes et douteuses » assignées à Georges W. Bush, il faut y trouver la voix de tout un système ou des systèmes idéologiques qui gouvernent l'imaginaire des dirigeants américains et celui de beaucoup de lobbies et de sectes aux États-Unis. Mircea Eliade affirme en ce sens :

> « Remarquons tout d'abord que, à la différence des systèmes d'explication déterministe de l'histoire, on reconnaît maintenant l'importance du facteur religieux, surtout importance des mouvements de tension et de frénésie, les mouvements prophétiques, eschatologiques, millénaristes. Mais il y a quelque chose de plus et, à mon avis, d'encore plus significatif : l'intérêt pour les origines du monde occidental récent — c'est-à-dire pour les origines des États-Unis et des nations de l'Amérique latine — trahit, chez les intellectuels de ce continent, le désir de revenir en arrière et de retrouver leur histoire primordiale, leurs « commencements absolus ». Or, ce désir d'un retour aux origines, d'un recouvrement d'une situation primordiale, dénote également le désir de recommencer l'histoire, la nostalgie de revivre la

[150] Ibid, p. 151.

béatitude et l'exaltation créatrice des « commencements » ; bref, la nostalgie du Paradis terrestre, à la recherche duquel les ancêtres des nations américaines avaient traversé l'Atlantique. »[151]

[151] Ibidem.

QUATRIÈME PARTIE

LA FUTURE GUERRE DES CLONES : DES ARMES INTELLIGENTES AUX ARMÉES BIOTECHNOLOGIQUES

« Durant la guerre froide, Ronald Reagan aurait dit à son homologue Michaël Gorbatchev : « si nous étions attaqués par des extraterrestres, aurions-nous unifié nos forces pour les combattre ensemble(?) Gorbatchev répondit par "oui"”

Dr Michio Kaku
Physicien théoricien et futurologue américain d’origine japonaise
Professeur en physique théorique au City College de New York.

IV.1. Obama : quand un président se mêle des questions biologiques

> « Obama mène deux guerres à la fois… et reçoit le Prix Nobel de la paix ! À la fin du mois de novembre 2009, quatre jours avant la cérémonie solennelle de remise du prix à Oslo, il a décidé d'intensifier massivement la guerre en Afghanistan et annoncé l'envoi de 30 000 soldats supplémentaires. Désormais, les bombardiers américains seront officiellement autorisés à opérer dans les zones tribales du Pakistan occidental, déclarées zones de repli et de ravitaillement des talibans. Les attaques aériennes des drones sur les villes et les villages patchounes du Pakistan seront considérablement augmentées. Or ce sont ces avions sans pilotes appelés drones, dirigés à partir d'un poste de commandement souterrain dans le Nevada (États-Unis), qui font les ravages les plus terrifiants dans la population civile du Pakistan occidental. »[152]

« *Il n'y a aucune différence entre les administrations Obama et Bush.* »[153] Quel intérêt aurait poussé Obama à faire sa « grande déclaration » sur ce qu'on pouvait qualifier de « libéralisation » de la recherche sur les cellules souches, sans en laisser le soin à ses auxiliaires ? Cette question nous taraude l'esprit. À la date du 9 mars, le président américain a étonné beaucoup par la précipitation de son discours sur cette décision « majeure » qui, semble-t-il, bénéficie de l'appui du Sénat américain et, surtout, de la validation de la prise en charge par l'État fédéral. La posture guerrière que paraît dégager le

---

[152] Jean Ziegler, *La haine de l'occident*, op. cit., pp. 10, 11.

Pour le caractère assez paradoxal du décernement de la distinction *Prix Nobel de paix*, il faut rappeler qu'il a été attribué en 2007 à l'ancien vice-président américain Al Gore et au panel de l'ONU sur le climat (Giec) pour leurs efforts visant à accroître les connaissances sur le changement climatique. Or, les États-Unis — qu'il représentait — sont dans le rang des deux grands pollueurs (avec la Chine, les États-Unis sont responsables des 40 % du total des émissions de CO_2 de la planète) et refusent de surcroit d'agréer le protocole de Kyoto sur le climat. En mars 2001 et en juillet 2005, les États-Unis refuseront successivement de ratifier le protocole de Kyoto car celui-ci ne va pas dans le sens des intérêts économiques des États-Unis selon Georges W. Bush.

[153] Tina Forster (L'International Justice Network), in Libération, Paris, le 23 juillet 2009.

comportement de Barack Obama marque, sans ambigüité, le lancement nouveau d'un autre chantier de l'hégémonisme américain.

Sans jamais annuler l'idée des pressions de lobbies aux intérêts divers, cette attitude doit, par une psychanalyse profonde, renseigner sur l'image que l'Amérique doit se donner d'elle-même, mais aussi de la cristallisation des champs de force au sein même de la classe dirigeante américaine. Obama symbolise et incarne sans recul, peut-être à des degrés moindres que Bush, les décisions égoïstes de son administration. L'intérêt de l'humanité tout entière vient après celui des États-Unis ! Il n'y a que le discours extérieur qui diffère Obama à G. Bush. Jean Ziegler témoigne :

> « Il existe encore une autre indication de la soumission d'Obama au Pentagone : contrairement à ses promesses de campagne le nouveau président refuse d'adhérer à la convention mondiale interdisant la fabrication et l'utilisation de mines antipersonnelles. »[154]

Obama est très difficile à situer au plan idéologique ou doctrinal : démocrate, son courage décisionnel, son dogmatisme d'exécution dans la réalisation de ses réformes lui donnent tout le charme opposé d'un républicain orthodoxe ; sensible aux déséquilibres sociaux (santé, emploi…), il fait en même temps des réformes allant dans le sens de bafouer l'équilibre de la famille (l'avortement, Cellules souches embryonnaires), enfin, tout en se vantant d'être conservateur des valeurs cardinales, Obama minimise pourtant le réchauffement de la terre et la consommation. Exemple critique religieuse d'Obama.

En tout cas, sur des questions qui engagent le devenir de toute l'Humanité, aucune nation ne doit avoir le droit ou la prétention de légiférer seule, sans le concert des autres nations et leur consentement. Le niveau de coopération internationale sur diverses questions (droit, politique, économique, militaire, etc.), s'il est sincère, aurait dû permettre la prise en charge systématique d'un tel évènement médiatisé. Il est temps alors d'universaliser les instances de régulation et de légiférer sur les recherches ayant un rapport éthique et médical au devenir humain. Et quel est l'intérêt des entreprises d'armement dans un pareil projet aux « justifications » apparentes « civiles » ?!

Cependant, déjà, au sein de l'Amérique, une telle entreprise devrait se heurter à la fameuse diversité des valeurs de références morales et

---

[154] *La haine de l'occident*, op. cit., p. 11.

sociales qui jalonna l'histoire étique de celle-ci. Au moment où, certaines ères culturelles admettent le droit de jouir pleinement de son corps, chez l'Homme, d'autres prônent, en revanche, la sacralité transcendante du corps humain et du vivant en général. Tous les combats menés historiquement au sein de cette nation autour des valeurs de la vie, du corps et de la procréation, ayant toujours eu des impacts dans les gouvernements successifs (le bannissement de l'avortement dans nombre d'États en dit longuement), devraient au moins ralentir l'engouement qui précipite un tel engagement.

C'est un geste grave, car ça marque, assez particulièrement et manifestement un glissement ostentatoire du champ scientifique et éthique de la question des cellules souches et du clonage du domaine pur de recherches de laboratoire à un champ des affaires, cette fois-ci, politico-militaire et économique. Il n'est pas dit que les présidents qui ont précédé Obama ne se sont jamais intéressés à ces questions, ou ne l'ont pas prise en charge dans leurs stratégies, mais il se trouve que, avec lui, on est dans une phase particulière de rupture vis-à-vis de son prédécesseur sur les questions du genre ayant un effet direct sur les orientations éthiques et religieuses des Américains. Conséquence : la ruée davantage des États vers les cellules souches pour en assurer sans scrupule le leadership. Beaucoup de raisons font de la déclaration d'Obama sur les cellules souches un tournant historique, du moins pour tout esprit qui suit les nouvelles intentions supra-rationnelles des Technosciences.

Premièrement, ce n'est pas n'importe quel pays qui a fait un tel aveu, mais plutôt le pays le plus influent actuellement au plan géopolitique et géostratégique, de surcroit, tête de file du capitalisme libéral. L'Amérique impulse, grâce à la mondialisation, un ordre mondial impérial dans les secteurs clés : l'économie, la politique, la cinématographie et le domaine militaire. La posture des États-Unis pour la guerre contre le terrorisme, depuis le 11 septembre, est une autre donnée qui inquiète en ce sens. Dès le début de cet évènement, des coalitions se sont formées, témoignant de leur degré d'influence universel. Depuis, le combat contre le terrorisme s'est transformé en un problème mondial.

Deuxièmement, l'Amérique est le pays le plus armé au monde sans nul doute. Elle dispose d'une armée dont les fondements logistiques et techniques reposent sur des recherches scientifiques très pointues et en perspectives. L'armée américaine est susceptible d'ouvrir et d'alimenter en même temps deux à trois fronts en même temps comme ses généraux aiment le faire croire au reste du monde. Dans le domaine de l'espionnage, par l'ingérence répétée à la fois dans la vie intime de ses citoyens et dans celle de citoyens d'autres pays. Les exemples de révélations de transgressions de la vie privée de civils par leurs propres soldats envoyés en Irak ou en Afghanistan sont nombreux.

Aux États-Unis, entre le soldat, le président et l'acteur point de gap, tous jouent le même jeu de promotion d'une « intégrité » bien douteuse des USA d'où l'idéologie des symboles. Combien de fois des présidents américains sont partis pour des visites secrètes, en solo et en guerriers, à leurs soldats sur des fronts et bases en terre ennemie, bravant l'esprit loyal et la sacralité du respect des frontières d'autrui ? De tels gestes, parfois ostentatoirement provocateurs, qu'on a vus jusqu'avec les récents présidents (Georges W. Bush, Barack Obama), non seulement ont été de graves ingérences voire infiltrations — puisque court-circuitant les procédés diplomatiques instaurés entre les nations —, ont été de grandes « frasques médiatiques » où les présidents galvanisent l'orgueil des troupes aux bavures effroyables contre l'intégrité, la morale et la dignité des peuples qu'ils ont envahis. Ces mêmes troupes qui croupissent sous le poids de la conscience morale de leurs bavures sont victimes de leur propre cruauté. Des individus tombent en effet dans la folie et la déchéance. L'Afghanistan, l'Irak et l'incroyable prison de Guantanamo en sont de beaux exemples. Obama lui-même déclare :

> « En 2002, juste avant d'annoncer ma candidature au Sénat, j'ai prononcé pendant l'un des premiers rassemblements contre la guerre, à Chicago, un discours dans lequel j'ai mis en doute les preuves de l'existence d'armes de destruction massive et j'ai déclaré qu'une invasion de l'Irak serait une erreur coûteuse. Rien dans les nouvelles qui nous sont récemment parvenues de Bagdad ou du reste du Moyen-Orient n'est venu contredire cette opinion. [...] les actes de ceux qui sont au pouvoir ont des conséquences énormes, un prix qu'eux-mêmes n'ont presque jamais à payer »[155].

Et pourtant, paradoxalement, le même Barack Obama, après être porté au pouvoir, est accueilli « en héros » dans certaines des bases militaires injustement implantées en terres étrangères pour soutenir « moralement » ses soldats !

---

[155] *L'audace d'espérer*, op. cit., pp. 55, 56.

De ce fait, entre le président, le militaire et l'acteur — l'homme des médias — il n'y a quasiment pas de différence, pas de hiatus ; ils se confondent et le tout forme une excellente machine idéologique se servant de mannes financières (budgets colossaux de l'armée, coopération des hommes d'affaires de Hollywood), de soutien de puissants lobbies enchantés et du climat favorable des institutions internationales de légitimation (ONU, OTAN, FMI, Banque mondiale, etc.). La machine idéologique jouit surtout d'un « atout » de taille : un peuple mal informé et mal préparé. Nkolo Foé affirme en ce sens que :

> « La "mission civilisatrice" de l'impérialisme libéral est une hypocrisie. Les guerres postmodernes ont ceci de particulier qu'elles s'appuient sur une vaste gamme d'arguments : 1) militaires (occupation violente des pays hostiles, accusés par exemple de menacer la sécurité nationale des États-Unis ou encore le "mode de vie" de l'Occident ; 2) politiques (extension forcée de l'idéal « démocratique » au reste du monde ; 3) économiques (extension de l'économie libérale et capitaliste à toutes les nations de la planète, notamment par le biais des Programmes d'ajustements structurels ; 4) culturels (monopole des acquis de la science, de la technique et des canons esthétiques). Le but explicite des guerres postmodernes est d'empêcher l'émergence de nouvelles puissances de la science, de la technologie, de l'économie et de la culture. Ainsi s'explique l'entreprise de « repériphérisation » du Tiers-monde, notamment des États-nations les plus puissants qui tentent d'échapper à leur destin périphérique, grâce à la maîtrise de la science et de la technique. »[156]

Compte tenu de l'attitude très paradoxale d'Obama, nous arrivons à une synthèse logique : les mêmes raisons qui justifient la volteface d'Obama vis-à-vis de ses promesses mielleuses post-campagnes électorales l'auraient amené à mettre en orbite par décret l'immense conquête de « l'homme du futur ». Le président s'intéresse à juste titre aux cellules souches embryonnaires.

---

[156] *Le post-modernisme et le nouvel esprit du capitalisme sur une philosophie globale d'empire*, Dakar, CODESRIA, 2008, pp. 47, 48.

IV.2. De l'idéologie du film au film de l'idéologie : les desseins technoprophétiques du cinéma américain

La cinématographie, en tant qu'entreprise culturelle, a longtemps été un tournant fort dans l'expression artistique prestigieuse des sociétés humaines. C'est un support éminent, un espace où peuvent s'exprimer à la fois les genres qui déterminent nos peuples : la tragédie, l'humour, la romance, le symbolique, l'imaginaire, etc. Cette particularité explique, entre autres, et nonobstant les crises qui la traversent, le nombre important de ses adeptes et critiques. Elle est aussi, par excellence, un domaine de business pour des centaines d'hommes d'affaires soucieux d'amasser des fortunes — l'exemple des cinéastes et réalisateurs d'Hollywood est le plus patent —. Mais, elle ne doit pas seulement nourrir cette deuxième motivation.

Lorsque, dans cette dialectique, la cinématographie cesse de trouver l'équilibre entre la culture et le business pour céder à l'instinct d'accaparement du capitalisme, alors, elle devient tout bonnement un « vulgaire » instrument qui joue la symphonie de l'idéologie dominante. Nous savons que, aujourd'hui, les icônes de cette « industrie » n'échappent pas à cette caractéristique de la mondialisation. Elle passe ainsi comme un moyen d'abord de business, trahissant ses fondamentaux ; cet aspect pervers de la cinématographie a surtout été et demeure le motif de combat d'intellectuels doublés de cinéphiles qui consacrèrent un éternel plaidoyer pour la survie de la dimension symbolique et culturelle du cinéma.

En parlant de l'instrumentalisation perverse de ce domaine, nous nous focaliserons particulièrement sur l'exemple hollywoodien pour, dans l'objet qui nous préoccupe, dénoncer l'usage instrumental que les grandes entreprises cinématographiques américaines font dans des logiques diverses : techno-prophétiques, apocalyptique, bioprophétiques, eschatologiques, etc. De nos jours, la cinématographie est ostentoirement mise à contribution au service de l'idéologie postmoderniste fantasmagorique dont les États-Unis et les sionistes sont incontestablement la tête de file aujourd'hui.

La perspective instrumentale de la production cinématographique des États-Unis, pour le cas de notre étude, peut être située à deux étapes : historique et eschatologique. Pour la première phase, elle commença vers les années 1900 par une campagne de diabolisation des Indiens, d'une part, et de la justification de l'esclavage des noirs, d'autre part. Le premier exemple est le plus ridicule à travers les films et les romans d'aventures western/cowboy. L'exemple séduisant c'est d'abord l'analyse de Samir Amin démontrant le combat idéologique toujours entretenu, à ce niveau, par l'Amérique[157]. Après la conquête sanguinaire de l'Amérique coiffée par le massacre de communautés indiennes « les Amérindiens », il fallait plus tard effacer dans les consciences cette page impériale atroce de l'histoire liée à la découverte de l'Amérique.

Des romans cowboys western — puis — aux films du même genre où l'indien est toujours présenté comme le sanguinaire, assoiffé de sang, armé toujours de flèches, prêts à tuer l'inconnu sans raison ni réflexion ; la barbarie de la conquête y est transformée et présentée comme une glorieuse « quête de liberté ». Bref c'est l'indien qui joue toujours le mauvais rôle. Nkolo Foé résume bien la brutalité suivie d'une diabolisation et d'une manipulation :

> « Le génocide des Amérindiens s'est inscrit naturellement dans la logique de la mission divine du nouveau peuple élu. Et qu'on ne croit pas qu'il s'agit là d'un passé tout à fait révolu. Jusqu'aux années 1960, ce génocide a été revendiqué avec fierté (par le canal des films de Hollywood opposant le « cow-boy » — symbole du Bien — à « l'Indien » — le Mal), et constitué un élément important dans « l'éducation » des générations successives. »[158]

À propos de la deuxième étape (eschatologique), elle correspond à une volonté de prendre l'espace cinématographique comme instance suprême où l'on prépare les consciences aux « prophéties diaboliques », futurologues et apocalyptique. Le rêve tant entretenu par les *technoprophètes* s'empare désormais de l'espace cinématographique… audiovisuel. L'un des meilleurs produits de réalisateurs américains ou pro-américains, à cet effet, est l'amélioration biologique du soldat *marines*, dominateur fantastique, hyper entraîné, victorieux et loyal, à travers nombre de films.

---

[157] cf. Samir Amin, *L'empire du chaos*, Paris, L'Harmattan, 1991.

[158] *Le post-modernisme et le nouvel esprit du capitalisme sur une philosophie globale d'empire,* op. , cit., p. 25.

Autrement dit, le surhomme aux aptitudes physiques supra humaines qui terrasse toute une armée et casse ses ennemis.

On le voit, ce modèle de propagande farfelu à travers quelques exemples comme *Cyborg* du réalisateur Albert Ryun (1989, acteur principal : Jean-Claude Van Damme), *Resident evil* de Paul W. S. Anderson, Russell Mulcahy et Alexander Witt (2002, acteurs principaux : Milla Jovovich, Ali Larter et Shawn Roberts), *Rencontres du troisième type* (*Close Encounters of the Third Kind*), film de science-fiction américain écrit et réalisé par Steven Spielberg (1997, acteurs principaux : Richard Dreyfuss, François Truffaut, Teri Garr, Melinda Dillon et Bob Balaban). Ce film doit particulièrement capter les attentions, car, dans une version dialectique, il met en scène la rencontre entre hommes et extraterrestres (Ovni) ; on peut poursuivre les exemples avec les soldats biologiquement modifiés et renforcés du film *Universal Soldiers* de Roland Emmerich (1992, acteurs principaux : Dolph Lundgren et Jean-ClaudeVan Damme) et *X-mens origins wolverine* de Gavin Hood (2009, acteurs principaux : Hugh Jackman, Ryan Reynolds et Liev Schreiber) ; on ne peut pas manquer de citer Arnold Schwarzenegger dans *Terminator* (film de James Cameron, 1984) où le justicier « surhumain », probable président des États-Unis, dans ses rôles fantasmagoriques, se met dans la posture du sauveur de l'humanité contre l'une des effroyables créatures du cyber-technoprophétie. Il est dans tous ses états, ce commando incarnant l'« esprit mâle » de l'Amérique.

Mais le film le plus fantasmagorique de l'ancien gouverneur de la Californie est *A l'aube du sixième jour* (titre original : The 6th Day), film de science-fiction américain réalisé par Roger Spottiswoode (2000, acteur principal : Arnold Schwarzenegger, Michael Rapaport, Sarah Wynter), où l'acteur se fait remplacer, contre son gré, auprès de sa famille par son clone. Le film met la réalisation du clonage dans le réalisme social. Le « sosie » de l'acteur principal est « recyclé » dans un « autre temps » — différent du nôtre —, c'est-à-dire dans une vie parallèle hypothétique. Ce film pose l'évidence de l'existence de mondes providentiels et parallèles des clones, gouvernés par la « toute-puissante » des Technosciences. La liste est très longue et les objectifs des films sont évolutifs dans le temps.

De *24 heures Chrono rédemption* au film du soldat américain invincible *Universal Soldiers*, Jack Bauer, un américain authentique, un « acteur » « beau », « intelligent », « séduisant » et surtout

« invincible » qui gagne tous les combats au nom de « l'humanisme » et de la « cause juste », prend la défense de l'Amérique pour justifier intelligemment toutes les bavures militaires. Les films du genre sont bien connus — dans leur connotation idéologique — des fans du petit écran, mais ils continuent de renforcer le mythe sur les États-Unis.

Il faut revenir à *24heures chrono,* car c'est l'un des films contemporains les plus politiques et idéologiques qui essaye de refaire « positivement » l'histoire militaire macabre et récente des États-Unis. De l'Afghanistan à l'Irak passant par Guantanamo, les bavures militaires y sont justifiées par une « mission civilisatrice » contre les « méchants de la terre », les musulmans arabes peints comme des terroristes « naturels ». *Avatar* et *Real steel* viennent révéler les symbioses des rêves de découvertes d'une espèce « humaine » intermédiaire et hybride, de mondes parallèles et de la place des robots dans le destin futur de notre humanité. Lorsque le premier consacre des monstruosités biologiques et humaines, le deuxième, lui, est un film de trucage où les hommes commandent leurs robots boxeurs sur les rings. Enseignement du film : l'intelligence humaine peut un jour être prêtée aux robots.

Il paraît clairement à travers ces scénarios une certaine manière de préparer les esprits les plus incrédules aux mille et n possibilités de soumettre les merveilles des sciences et techniques au service de l'entreprise militaire, idéologique, voire géopolitique. Maintenant que les recherches sur les cellules souches deviennent un enjeu et une préoccupation national, voire international alors il n'est plus permis de douter de l'envergure des risques possibles dans l'échiquier de la géopolitique mondiale de plus en pus soumise aux calculs de technoprophéties. Celles-ci se nourrissent de chaos pour espérer renverser l'ordre moral du monde : il faut que les valeurs supposées universellement acceptables soient remodelées à l'image justement de ce chaos.

Et aujourd'hui, les autres nations se voient engagées sans contrôle efficace et efficient à des résolutions institutionnelles (ONU, OTAN, etc.) sectaires et sanguinaires contre beaucoup de nations « faibles ». Samir Amin souligne la continuité de la stratégie belliqueuse et ravageuse, nourrie par des intérêts capitalistes pluriels et décorés grâce aux termes vagues de démocratie, de droit international. Il affirme :

> « L'hégémonisme des États-Unis s'articule sur cette exigence objective du nouvel impérialisme collectif qui doit gérer la

> contradiction grandissante centres-périphéries par des moyens faisant de plus en plus appel à la violence. Les États-Unis, par leur « avantage militaire », apparaissent alors comme le fer de lance de cette gestion, et leur projet de « contrôle militaire de la Planète », le moyen d'en assurer l'efficacité éventuelle. Cet « avantage », les États-Unis le font payer à leurs associés de la triade en leur imposant, comme au reste du monde, le financement du gigantesque déficit américain. »[159]

En dehors de la propagande politico-militaire et idéologique dans le champ cinématographique, l'autre revers qui doit accompagner le nouvel ordre biologique reste la mise en scène des « prophéties » apocalyptiques, diaboliques et technoscientifiques par la voie cinématographique. On peut ressasser le *vocabulaire en vogue* dans le langage cinématographique des films de science-fiction américains dominants : Hybride, Avatar, Matrice, Visiteur, Mutan, Extra-terrestre, Revenant, Titan, Armageddon, Ovenis, etc. Cette terminologie est fantasmagoriquement chargée ! Les concepts qui la composent déterminent la technoprophétie cinématographique. Ils ont tous une charge eschatologique, utopique et sanguinaire.

Le terme « matrice » très courant à travers les films de fiction-technoprophétique attire particulièrement notre attention. Dans certaines philosophies (métaphysique spinoziste par exemple ou dans l'ontologie stoïcienne), l'idée de matrice désignerait la formule « mystique » de l'unité ou de l'unicité de toute l'Existence, d'abord. Ensuite, la matrice désigne le « centre », la sacralité du centre, une centralité qui polarise l'éternité, comme un moteur de l'Existence à laquelle, encore une fois, l'Homme est consubstantiellement lié, mais cognitivement libre. Ainsi, dans le film du genre, les acteurs recherchent un certain retour, voire une fidélité ou une fusion, dans la matrice. L'idée d'unité et/ou de fusion révèle dans cet élan la quête d'une certaine éternité par la participation ontologique au « centre », à la matrice, à l'essence absolue et primordiale. Mircea Eliade corrobore la dimension symbolique du « centre » bien illustrée dans lesdits films :

> « Le symbolisme du Centre est considérablement plus complexe, mais les quelques aspects que nous venons de rappeler suffiront pour notre propos. Ajoutons que le même symbolisme a survécu dans le monde occidental jusqu'à la veille des temps modernes. La

[159] *Ibid.* , p. 17. (in Préface de Samir Amin).

> très vieille conception du Temple comme l'imago mundi, l'idée que le sanctuaire reproduit l'Univers dans son essence, s'est transmise à l'architecture sacrée de l'Europe chrétienne : la basilique des premiers siècles de notre ère, comme la cathédrale du Moyen Âge, reproduit symboliquement la Jérusalem céleste. Quant aux symbolismes de la Montagne, de l'Ascension et de la « Quête du Centre », ils sont nettement attestés dans les littératures médiévales et apparaissent, bien que d'une manière allusive seulement, dans certaines productions littéraires des derniers siècles. Le « Centre » est donc la zone du sacré par excellence, celle de la réalité absolue. Pareillement, tous les autres symboles de la réalité absolue (Arbres de vie et de l'immortalité, Fontaine de la Jouvence, etc.) se trouvent eux aussi en un centre. »[160]

Dans cette production de concepts, un nom doit (et continue de) marquer les esprits : Robert Henlein. Américain et ancien militaire, il est considéré comme l'inventeur ou — pour d'autres — le réinventeur de la science-fiction, laquelle à son tour influença beaucoup la littérature de l'anticipation (cf. *Le meilleur des mondes*, Aldous Huxley/1984 de Georges Orwel). À travers son livre fondamental, *Etoiles garde-à-vous* — un vrai roman militariste, futuriste, fasciste et propagandiste —, Robert Henlein envisage une confrontation entre la planète des hommes et celles des envahisseurs extraterrestres. En vérité, ledit roman, traduit en film cinématographique, vante les prouesses militaires futures des USA. C'est une sorte de « prédiction scientifique » à travers le genre pas bien connu de la « littérature de l'anticipation ».

Avatar : le concept est très présent dans le Cinéma notamment les films de fiction apocalyptique, mais il est présent aussi dans l'informatique. L'ordinateur avec lequel, en Europe, beaucoup de solitaires créent des « villes virtuelles du futur » révèle le sens que les fans du virtuel ont été amenés à donner à ces termes biologiquement hypothétiques. Avec le problème de la socialisation en Europe, certains « sociopathes » passent plus de temps à errer dans cette réalité virtuelle des « villes virtuelles du futur » que dans leurs propres cadres sociaux, cherchant souvent des amis virtuels, des connaissances que leur propose la machine. Certains scientifiques annoncent la création de villes « intelligentes » où l'électricité sera produite de l'intérieur

[160] Mircea Eliade, Le mythe de l'éternel retour, Collection Folio/Essais, Paris, Éditions Gallimard, 1969, pp. 29, 30.

des sous-sols (la compilation des microbes avec d'autres matières organiques aidant) grâce à une technologie incorporée lors de l'invention de ces villes.

D'autres idées sont déjà en ventes dans le grand marché du virtuel-cinématographique : construire des murs d'eau à partir des conceptions virtuelles d'ordinateur, les villes de demain ne seront plus limitées géographiquement, mais selon le goût de l'imagination virtuelle, elles pourront ne porter ni sur l'eau ni sur terre, peut être dans les étoiles…[161] Le virtuel gouverne dans un monde du virtuel : on vit alors dans son corps idéel dans l'espace virtuel, répondant justement à son imagination. « Les secrets du cosmos se trouvent dans la biologie peut-être et non dans la physique ? » affirme le scientifique Morgan Freeman[162]. Mais il devrait ajouter « mais aussi dans la biologie cumulée au virtuel ».

Aujourd'hui plus qu'hier et, probablement, moins que demain, un paradigme nouveau marque ostentatoirement la production cinématographique, notamment hollywoodienne. Il s'agit de la place grandissante et imposante du rapport des producteurs aux « prophéties » — fussent-elles diaboliques — et aux histoires eschatologiques (tintées de prouesses des technologies de l'image). L'une des preuves tangibles reste la retraduction et la reproduction assez téméraire et risquée (pour les jeunes) des histoires eschatologiques liées à la sorcellerie et à la magie en séries bandes dessinées. Les films de prophéties sur les dragons, *Merlin le magicien*, pour donner un exemple patent, ont connu un succès énorme en ce sens. Les films de J. K. Rowling, avec son fameux personnage romanesque Harry Potter (apprenti sorcier), connaissent le même succès. Finalement, c'est l'homme postmoderne qui est obligé de s'inscrire à la foire irréversible des merveilles. Nkolo Foé décrit la vraie foi de l'homme postmoderne :

> « La postmodernité, c'est avant tout l'amalgame des valeurs, qui rend indiscernable tradition et modernité, mystique et raison, mythe et science, magie et technique, religion et philosophie. Seule une époque comme la nôtre pouvait créer la « cyberreligion », le « technoculte », la « technoSophie », l'« Armée du Salut », le

---

161 Émission : Le monde de demain/CANAL/Discovery sciences/le 07/09/2013 à 15GMT.

162 Voyage dans l'espace-temps, émission animée par Morgan Freeman/Discovery science/CANAL/15h44 GMT.

> « télé-évangélisme »… C'est le pouvoir « magique », « surnaturel » de la raison instrumentale qui attire tant la spiritualité postmoderne. L'obsession biotechnologique du clonage humain vient ainsi soutenir le rêve d'immortalité de l'homme. »[163]

À côté de la production cinématographique, deux autres instruments prennent le relais : les *jeux Playstations* très en vogue, les livres de littérature pour enfant. Les jeux en question sont devenus un vaste marché mondial avec des enjeux énormes. La technologie concurrentielle pousse davantage le virtuel au-delà de ce que la Raison humaine ne pouvait pas imaginer il y a des siècles. La jeunesse est conviée ainsi à « participer » à des missions virtuelles magiques, technoprophétiques légendaires… Pourtant, avec la violence de plus en plus présente dans ces jeux imaginaires, on devrait, depuis longtemps, pousser les États à une régulation et à une normalisation en ce sens. Au contraire, ce sont les destins des peuples que la plupart des jeux proposent aux enfants de tracer.

Aux États-Unis comme dans beaucoup de pays, les livres de littératures destinés aux élèves des classes inférieures font largement écho de la magie et du fantastique (extraterrestre, ovni, la vie dans une autre planète, etc.) qui ne doivent plus rester des tabous. Le conte, en tant que genre littéraire « adapté » au mental des enfants, ne semble plus mobiliser leur enthousiasme. Le livre *Mon prof s'allume dans le noir* de l'écrivain américain Bruce Coville est en effet très illustratif. Dans ce livre de poche pour enfant, l'auteur met en scène son personnage principal *Peter* qui, après avoir été kidnappé par les extraterrestres, raconte sa mésaventure à ses camarades de classe de CM2 :

> « Comme vous le savez probablement, tout a commencé quand cet extraterrestre, Broxholm, a tenté de kidnapper cinq élèves de notre classe de CM2 au printemps dernier. Il a d'abord enfermé notre vraie institutrice, Mme Schwartz, dans son grenier — où il la retenait prisonnière d'un champ de force. Puis il s'est déguisé lui-même en un instituteur suppléant du nom de M. Smith pour prendre sa place. Un soir, Susan a suivi M. Smith chez lui. Elle a découvert son identité et ses intentions en le voyant ôter le masque qui lui collait au visage comme une seconde peau. Sous ce masque

[163] *Le Post-modernisme et le nouvel esprit du capitalisme sur une philosophie globale d'Empire*, op. cit. , pp. 130, 131.

humain, il y avait une face d'extraterrestre à la peau verte et aux yeux orange. »[164]

La loi n°49956 du 16 juillet 1949 sur les publications destinées à la jeunesse (juin 1995) devrait tenir compte de la vulnérabilité des jeunes et adapter ce qu'on leur propose. Mais, dans un contexte où les limites temporelles et spatiales doivent être révolues, il peut paraître normal de faire des jeunes de bons magiciens. Les tendances de la télévision numérique terrestre, les merveilles de l'image 3D traduisent le rêve de fondre le virtuel dans la réalité. Cette approche est moins complexe que les phénomènes de téléportations et de télénomie dans la compréhension des jeunes.

IV. 3. UN GROS DÉMENTI À L'ENCONTRE DE LA THÈSE « *DE LA FIN DE L'HISTOIRE* » DE FUKUYAMA

La thèse du dernier système possible et irréversible à la hauteur de la créativité humaine est un leurre. On se rappelle toujours, à ce propos, des plaidoyers de Francis Fukuyama et Samuel Huntington[165], l'un se faisant l'« apôtre » d'un « système parfait » tandis que l'autre le messie annonçant un chaos de dimension universelle des systèmes de valeurs des peuples conséquemment au choc inévitable des civilisations. En toute évidence, pour l'un comme pour l'autre, c'est un leurre puisque l'économie et la géopolitique — deux pôles qui mènent l'histoire capitaliste des peuples actuels — trouvent toujours de nouvelles perspectives menant vers un nouvel ordre en perpétuelle détermination.

Dans les dynamismes historicistes propres à l'Histoire, aucun système en soi ne peut être considéré comme le « dernier moteur » de l'Histoire, mais plutôt, tout juste, une séquence par ailleurs faillible et dépassable. Le Capitalisme n'en porte pas moins les signes. Les prouesses biotechnologiques risquent de chambouler ainsi tous les paradigmes chantés par nos deux « éminents auteurs ». Elles mènent vers un nouveau système impérial régional d'abord, puis mondial fondé aujourd'hui sur les futures prouesses biomédicales,

---

[164] *Mon prof s'allume dans le noir,* Trad. de l'américain par Jean-Baptiste Médina, Paris, POCKET, 1995, pp. 4, 5.

[165] Plaidoyers aux travers notamment leurs livres respectifs *La fin de l'histoire et le dernier homme* et *Le choc des civilisations*.

biotechnologiques et biosynthétiques, après celles nucléaires et atomiques, pour dépasser les déterminismes physiques et biologiques.

Mais, d'abord, la première limite scientifique à laquelle Fukuyama s'est heurté dans sa « prophétie », pour commencer avec lui, est la définition de ce qu'est réellement un système. Fukuyama ignore qu'un système ne détermine jamais infiniment l'Histoire sans se renouveler par l'adaptation ou par la disparition. Et le système en soi est une séquence de l'Histoire. Les séquences de l'Histoire ne sont rien d'autre que des moments de sa mise à l'épreuve. On ne doit pas, en effet, confondre le moyen et la finalité. Le moyen (système) est périssable tandis que la finalité (la visée de l'Histoire) est dynamique.

La finalité de l'Histoire c'est le mouvement, l'altérité, l'historicité parce que, simplement, elle est une invention d'un être limité (l'Homme). Le système en soi n'est pas l'Histoire. Fukuyama n'a pas bien compris ses leçons sur la philosophie de l'Histoire. Heureusement qu'en janvier 2011, près de vingt ans après sa bourde, Fukuyama a compris les limites de sa thèse déclarant la supériorité du modèle démocratique chinois sur celle américaine libérale. Il défend cette opinion dans son article « US democracy has little to teach China ».

Là où un vrai système voit ses forces saillantes comme des modalités de survie et d'adaptation, Fukuyama aurait vu, pour le cas du capitalisme dominant, une finalité constante. Encore faut-il l'écrire noir sur blanc, le réductionnisme de cet auteur est impardonnable, car il définit l'Histoire universelle dans les limites de celle du Capitalisme ; c'est comme qui dirait mettre l'universel dans le particulier : ce qui n'est pas scientifique. Mieux, même l'histoire du Capitalisme, dans ses phases historiques (historique, moderne et postmoderne), se voit trahie par le fixisme Fukuyama en qui semble la circonscrire dans les seuls succès d'une économie et d'une démocratie libérale. Ces trois phases du capitalisme s'inscrivent dans une dialectique interne et externe au capitalisme.

Ensuite, le capitalisme n'a jamais reposé uniquement sur des métamorphoses économique et politique. En tant que des aspects d'un système plus global, l'économie libérale et la démocratie libérale s'abreuvent fondamentalement de sources doctrinales des philosophes anglo-saxons des Lumières (Locke, John Dewey, William James, Charles Sanders Peirce, Richard Rorty…) et de la modernité que

Fukuyama expose, certes, mais pour lesquelles il devrait montrer le caractère davantage erroné, c'est-à-dire finissant.

Peut-être a-t-il été ébloui par le maillage et le réseautage économique et financier quasi « magique » par la force de sa poussée au point d'oublier que la « loi de marché » est en soi contradiction pour le même système qui l'a produite. Même observation pour le sens capitaliste que Fukuyama donne aux mécanismes de l'Histoire universelle, c'est-à-dire pour leur avoir donné un but ultime de confirmer le « succès anhistorique » du Capitalisme. Nous ne sommes pas encore à la fin des ordres mondiaux et nous n'y serons jamais, car c'est la logique inhérente aux classes sociales multiformes et en tribulation constante.

Le dernier système serait peut-être alors l'Apocalypse en tant que telle. Le système n'est après tout rien d'autre qu'un ordre qui se nourrit d'idéologies et de chimères pour perpétrer sa « lutte pour l'existence », c'est-à-dire ses propres prouesses. Philippe Moreau Defarges pense, en effet, que :

> « Tout ordre est fragile, précaire. Lorsqu'il se met en place, porté par le vent de l'histoire ou tout simplement par une puissance hégémonique (ainsi Rome unifiant l'espace méditerranéen ou l'Angleterre de la première moitié du XIXe parvenant à peu près à contrôler l'équilibre européen et mondial), tout le favorise : la configuration des forces se combinant avec des principes justificateurs. Alors l'ordre connait son âge d'or ; tout est ou paraît être — provisoirement — en harmonie, mentalités, organisation politique, structures économiques et sociales, état des techniques. »[166]

Malheureusement, entre les phases d'invention puis de succès et d'apogée, les disciples n'y voient qu'une infaillibilité. Pour ceux-ci, la nostalgie maladive, la folie ou le suicide seront les seuls recours :

> « Ainsi Voltaire décrit-il le siècle de Périclès ou celui de Louis XIV, Gibbon la Rome des Antonins. La civilisation est rayonnante, pouvoir et justice semblent coïncider. Ces moments d'équilibre heureux sont toujours trop courts ; certains de ceux qui les vivent ressentent presque douloureusement la beauté éphémère de ces épanouissements. Talleyrand le cynique, le survivant de la tourmente révolutionnaire et impériale, ne peut s'empêcher d'évoquer avec nostalgie l'ordre monarchique finissant : « Qui n'a

[166] *L'ordre mondial*, Paris, Éditions Dalloz, Armand Colin, 2e édition, 2000, p. 5.

> pas connu les dernières années de l'Ancien Régime ne sait pas ce qu'est la douceur de vivre ! »[167]

Le système ne peut être considéré comme une constante que sous une seule forme : le fait qu'il corresponde toujours aux séquences de la vie humaine. En ce sens, personne ne peut évoluer en dehors d'un système. L'Histoire universelle est faite de séquences de système. Il est comme une essence. Mais, sur le plan de son existence, le système est en soi l'expression par excellence de la faillibilité humaine en tant qu'adaptation au monde et non sa maîtrise. Néanmoins, ce qui devrait avoir de la valeur à nos yeux c'est moins le système en soi que sa dimension humaine ou humaniste. Malheureusement, le capitalisme, dans son pragmatisme matérialiste, ne voit pas les choses de cet œil. C'est pourquoi Philippe Moreau Defarges écrit :

> « Le déclin vient toujours. Ce qui était vivant se rigidifie, se momifie. Ce qui avait un sens, un élan n'est plus qu'une mécanique un peu dérisoire. Ce qui inspirait du respect, de la crainte n'éveille plus qu'une dévotion distraite ou de la dérision. L'hypocrisie remplace la foi. Les rites subsistent, se renforcent même, mais ils n'ont plus d'autre finalité que leur répétition. L'on fait semblant d'obéir, de commander. L'on peut défendre avec l'énergie du désespoir l'ordre en agonie, mais l'on sait bien que le combat est perdu d'avance. Il n'y a plus d'avenir, il faut donc jouir pleinement de l'instant présent. Après nous, le déluge ! Combien de grands écrivains — de Goldoni dans La villégiature à Tchékhov dans La cerisaie, de Proust dans À la recherche du temps perdu à Musil dans l'homme sans qualité — ont raconté ces fins du monde, ces attentes mélancoliques d'une catastrophe finale. Tout ordre passe. »[168]

Le Capitalisme manifestement à travers ses mécanismes économique et démocratique [sans les scléroser bien sûr] est en train d'enfourcher son « nouvel étalon » : les prouesses biotechnologiques ; s'il ne l'a pas déjà fait depuis la mise sur orbite des visées extrahumaines de l'astrophysique moderne. L'éloge théorique attribué au système dominant a toujours été rendu possible grâce aux prouesses de l'esprit scientifique dont Huntington, suite à Fukuyama, se fait le messie annonciateur par l'énonciation d'une logique

---

[167] *Ibidem.*

[168] *Ibidem.*

immuable et inhérente au système capitaliste, mue par — et au profit — d'une raison « universelle » qui fait l'Histoire.

Dans leurs approches, Fukuyama et Huntington, l'un comme l'autre, en décrivant d'une part un système cohérent et « homogène » incarné par le monde occidental notamment les États-Unis et l'autre de ce système qui en est, à proprement parler, le paradoxe et non pas la limite, auraient, respectivement, oublié, face à l'enjeu géopolitique des Biotechnologies, l'avènement d'un nouvel ordre et le théâtre de chocs qui ne se jouent plus forcément entre des nations en face. Le choc le plus spectaculaire et transformateur se joue plutôt au sein même des contradictions d'une même nation livrée à elle-même, à ses velléités légendaires et collectives, à tous les possibles auxquels la soumettent les biotechnologies. Ensuite, l'économie et les finances, même si elles déterminent l'ordre mondial actuel, n'ont point produit un système susceptible d'équilibrer moralement et humainement les utopies biotechnologiques.

Le choc en termes de face à face aurait existé certes, mais un nouveau mouvement, un nouveau paradigme, cette fois-ci de repli, le remplace. Il s'agit d'un choc avec soi-même puisque, dans la conquête biologique, l'Homme affronte les éventuels « possibles » de sa propre structure en s'affrontant ; ainsi, certains peuples sont-ils à la conquête de leurs propres utopies, c'est-à-dire de leurs propres contradictions. Celles-ci doivent être gommées, non pas parce qu'elles sont le moteur de l'Histoire, mais plutôt parce qu'elles sont vues comme une défaite pour l'Homme face aux déterminismes les plus intimement liés à ses limites. Croyant être investi d'un pouvoir herculéen et sans bornes, l'Homme va à la conquête de ses propres fins par son dépassement, par une sorte de « réinvention de soi » tout de même aveugle (voir Albert Jacquard, supra), parce que guidée par le seul désir des « impossibles techniques ».

L'Amérique risque de trouver la fin de son hégémonie au sein même de son propre système, comme par ailleurs toutes les hégémonies défuntes, à partir de l'impossibilité de maîtrise des contradictions de son propre système, car, sous ce rapport, il n'est pas faut de considérer qu'un système se détruit souvent ou toujours de l'intérieur. Le vers est déjà dans le fruit, pour reprendre une logique chère à Hegel. L'exemple pratique de l'Union soviétique — et plus généralement le Socialisme — ne doit pas faire l'objet d'un oubli. Les idéologies s'effritent plus par leurs faiblesses internes et leurs répétitions inopérantes, qui ressemblent à des réinventions, que par les tentatives destructrices de leurs détracteurs. En s'appuyant sur l'argument de la dialectique hégélienne, sans le dire, Fukuyama confond la dialectique inhérente à l'Histoire à des systèmes sur lesquels s'applique cette dialectique pour demeurer une manœuvre inchangeable.

L'hégémonisme américain fondé sur le capitalisme dominant ne peut pas être éternel. Un ordre peut ne pas mourir au sens d'une désintégration, mais, déjà, le fait qu'il change les paradigmes qui le fondent ou intègre un nouveau paradigme hypothétique peut signifier une parmi les multiples modalités de sa dégénérescence, de sa mort. Car cette manière de chercher à se maintenir, à s'adapter sous d'autres formes est une phase encore engagée de sa mort. Finalement, la mort même semble être la nature inhérente à un système.

III. 4. Le changement de paradigme dans l'hypothèse du « choc » des civilisations de Samuel Huntington

Nous allons vers un renversement de paradigme du choc des civilisations de Huntington. Ce dernier avait annoncé un phénomène suprarégional de la confrontation de civilisations aux intérêts contradictoires sous l'ordre du capitalisme triomphant. Il s'est agi, cette fois-ci, d'un phénomène qui opère dans une parfaite intériorité échappant aux régulateurs géopolitiques tels l'ONU, la CPI, les Fonds d'aide aux peuples (FAO, UNICEF, PAM…) ou la coupe du monde. Nous parlons du nouvel ordre biotechnologique qui mettra les peuples dans une « guerre secrète » face à eux-mêmes d'abord. L'aspect externe du phénomène n'est pas à exclure cependant.

Le renversement qui est en train d'installer la libération effrénée des recherches biotechnologiques sur les cellules souches sera d'un ordre d'intériorité. Il ne va opposer ni une civilisation contre une autre ni un pays contre un autre pays, mais partira des contradictions internes qui naîtront des grandes questions et équations qui accompagneront les prouesses biotechniques et biomédicales à venir pour mettre un peuple face à ses propres mœurs. C'est l'Homme qui sera la cible fondamentale avant les guerres d'intérêts. Il a toujours existé des communautés au sein des États, mais leur différence est jugulée et transformée par des cadres constitutionnels consensuels, mais avec la nouvelle vague de privatisation des secteurs aussi sensibles de recherches et la décongélation des limites éthiques des communautés se constituent pour revendiquer leurs propres codes éthiques. Cet élan est conforté par la place de plus en plus grandissante de l'influence de la société civile dans nos sociétés. Les gays, les couples transsexuels et les sectes odieuses trouvent bien des espaces de droit qui les sortent de la clandestinité et de la stigmatisation.

L'Amérique, à l'instar de tous les pays utopistes, risque de faire face à ses propres nouvelles citoyennetés contradictoires, ses propres limites identitaires. Ce sera la fin d'un mythe qui, pour le moins, ne partira pas des obstacles biotechnologiques, mais de l'effort de surpasser notre espèce ; les entreprises privées de découvertes biotechnologiques seront le centre de cette crise dans la mesure où elles corrompront tous les pouvoirs étatiques de décision, créant ainsi des guerres à l'intérieur des États.

Les méga-États affronteront leurs propres citoyens dont ils ne seront liés que par le cadre territorial. La tendance inquiétante des États à très difficilement entretenir les mêmes positions et les mêmes philosophies avec leurs peuples sur des objets tels l'identité, la migration, la famille prédit l'émergence de nouvelles « sociétés » au sein des sociétés. Les notions de citoyenneté collective, pacte républicain ou bonne gouvernance n'auront aucune forme de sens. On n'est pas forcément dans l'ère du chaos, mais il y a de quoi s'interroger sur le sens du vivre ensemble jusqu'y compris à l'intérieur des États qui pensent être les sentinelles de la liberté citoyenne. De l'avis de Barack Obama :

> « Pas besoin de sondage pour savoir qu'une vaste majorité d'Américains — républicains, démocrates, indépendants — sont las de ce que la politique soit devenue, de cette zone mortelle où des intérêts étroits se disputent des privilèges, où des minorités idéologiques cherchent à imposer leur version de la vérité absolue. Que nous appartenions à des États rouges ou bleus, nous sentons au plus profond de nous-mêmes un manque de sincérité, de rigueur et de bon sens dans nos débats politiques, nous rejetons ce qui nous apparaît comme un sempiternel menu de choix faux ou étriqués. Croyants ou non, blancs, noirs, basanés, nous sentons, à juste titre, que les défis les plus importants sont négligés et que si nous ne changeons pas rapidement de cap nous pourrions être la première génération depuis très longtemps à laisser derrière elle une

Amérique plus faible et plus divisée que celle dont nous avons hérité »[169]

Les structurations sociales ne vont plus dépendre des coutumes et des modèles d'urbanisation traditionnels connus, car les hommes formeront des communautés qui dépendront de nouvelles options scientifiques de vie que les biotechnologies auront mises à la disposition des peuples (?). Par exemple, des tentatives de « création » d'un quatrième, cinquième ou sixième sexe verront le jour, essayeront de se constituer en communautés autonomes et reconnues, créant ainsi leurs propres espaces territoriaux. Les puces-intra et biométriques remplaceront les passeports et les visas pour franchir les frontières des pays. Reste à savoir quel sera le sort de ceux qui refusent l'implant de puces, c'est-à-dire ceux qui refusent qu'on les robotise en leur plaçant des puces dans le corps (?!).

Les mêmes hommes qui refusent toute idée d'implant n'accepteront peut-être pas d'acquérir des sens supplémentaires grâce aux manipulations et implants-veineux ? Ceux-ci ne se situeront pas nécessairement en dehors des espaces des villes, mais plutôt dans des surfaces parallèles, elles aussi « créées » grâce au couplage entre le virtuel, la transformation microbienne (des champignons et bactéries) et les nanosciences. Déjà, le Catom[170]promet des pratiques qui défient les lois de la physique en termes de déplacement et de nouvelles reconfigurations de l'espace. Le Scientifique japonais Sumusou Tachi est le créateur du twister, une réalité virtuelle, qui permettra de changer, selon notre intuition, les surfaces autour de nous sans se déplacer ; on sera capable d'être en contact avec des gens éloignés, les toucher[171], leur serrer la main, etc.

Les nouvelles configurations sociales et territoriales transforme-ront-elles les schèmes juridiques ? Les sociétés adopteront-elles de nouvelles constitutions pour s'adapter à ces nouvelles « humanités » ou s'installeront-elles dans des logiques de confrontations ? De grandes questions incontournables vers lesquelles nous mènent les découvertes fantastiques des sciences et techniques postmodernes. Il

---

[169] *L'audace d'espérer*, op. cit., p. 17.

[170] Atome de claytronic. Les claytronics permettront d'être en contact physique avec une personne sur la ligne téléphonique et qui se trouve à des distances importantes.

[171] Canal+TV/Voyage dans l'Espace-temps : « Le monde de demain », 24/11/2013 à 13H.

est vrai qu'à chaque révolution scientifique suit une recomposition paradigmatique théorique. Celle-ci peut toutefois précéder la révolution en tant que telle, mais les choses ne s'arrêtent pas là ; à chaque révolution scientifique biotechnologique, une nouvelle « supra-conscience » se réconforte dans l'idée de sa réalisation possible. Par « supra-conscience », il faut simplement entendre, « un rêve démesuré », une « folie aveugle », qui ne se mesure plus à la dimension de l'humain tout en s'appliquant à celle-ci.

Le vrai choc de nos temps n'est pas alors celui qui met en face les civilisations et cultures, mais bien celui qui nous met à l'épreuve de la « déraison » instituée en « valeur universelle », c'est-à-dire le dépassement de tout paradigme élaboré par la Raison humaine. Une telle entreprise place les dirigeants politiques inconditionnels dans des catégories axiologiques comme le larbinnisme, la « mafia institutionnelle » ou le « troc » des valeurs et des intérêts. En termes plus clairs, peu de leaders (présidents, sénateurs, députés…) savent tenir tête aux financiers et lobbies extravagants. Leur cogérance est de plus en plus déterminée par la taille des intérêts. Finalement, c'est la légitimité des instances universelles de régulations qui se vide de sens pour être transférée aux groupes de pression locaux.

L'autre aspect non pris en compte par le paradigme de Huntington est le fait que les grandes civilisations s'aliènent et sont ghettoïsées dans les périphéries des civilisations biotechnologiques et technoprophétiques d'où l'impératif de redéfinir le terme civilisation. Pour penser ce terme, on n'est plus tenu de partir des traditions humaines pratiques ; on ne sera pas obligé de se fonder sur la Raison. On doit se fonder sur l'imaginaire, le rêve et sur le canular… La Raison se meurt dans les « civilisations » à venir, car les notions de limites n'auront aucune forme de sens. Allons-nous alors vers une vraie « fin » de notre humanité ? Non ! Nous irons vers les ultimes limites eschatologiques qui sonneront peut-être la fin du monde capitaliste néolibéral, mais pas celle de la Vérité du monde. Celle-ci étant une essence au sens philosophique, la destruction matérielle n'épuise pas nécessairement son redéploiement. Y a-t-il un sens à chercher dans nos rêves actuels ? En tout cas, les eschatologies guident les choix politiques les plus importants de ce monde et les prouesses biotechnologiques demeurent leur terrain d'expérimentation.

CONCLUSION

Notre monde donne l'image aujourd'hui d'un « bateau ivre », avec un capitaine capricieux et égoïste, voguant sur des vagues glissantes des idéologies vers des horizons incertains et inconnus. Dans ce navire le capitaine, ayant les mains ligotées par ses propres contradictions, s'occupe plus des « solutions » aux dégâts causés par les vagues qu'il a lui-même soulevées qu'à son rôle de direction. Plus qu'une mise en scène, cette métaphore indique le manque de maîtrise à la fois de tout et de rien dans lequel nous plonge le foisonnement des enjeux scientifiques, idéologiques, géostratégiques, militaires et politico-économiques actuels. Les valeurs d'Humanité, de Justice, d'Éthique et de Droit sont plus que jamais tributaires des intérêts égoïstes de quelques États, « grandes puissances » ou entités d'États.

Dans ce contexte précis, la décision d'Obama qui est, par ailleurs, une décision d'une entité d'États ne devait pas passer inaperçue ou être traitée comme un fait politique passager ou un simple élément du factuel. Il s'agit d'une décision historique et révélatrice d'une mentalité et d'un niveau de responsabilité de notre Humanité emballée dans un tourbillon géostratégique où les « grandes puissances » aiguisent n'importe quelle arme, pourvu qu'elle assure un hégémonisme. Après la bombe atomique, le nucléaire et l'uranium, les « maîtres du monde » explorent depuis quelques décennies les armes chimiques, bactériologiques et biotechniques. Nul besoin de souligner que, dans cette course, l'idéologie néolibérale dominante trouve son plus grand souffle à travers la politique extérieure et impériale américano-juive dans toutes ses dimensions. Le Conseil de Sécurité de l'ONU, impuissant face à leurs bavures militaires, est obligé de jouer aux sapeurs pompiers. Les secteurs économiques et politiques ont atteint un niveau de développement appréciable, mais ne peuvent pas subjuguer les catastrophes militaires affreuses. Les guerres non conventionnelles sont désormais dans l'ordre du monde en dépit des résolutions contraignantes onusiennes.

L'ONU, contrairement à son objectif préventif, est mise dans une posture passive, incapable d'anticiper sur les guerres. Elle ploie sous l'énorme poids des pressions du marché capitaliste et des vetos.

Le Capitalisme libéral, pour survivre de sa propre fin, doit s'appuyer à la fois sur son pied économique, scientifique, militaire, idéologique et peut être moral à travers les jeux complices et assez problématiques des institutions « internationales » comme l'OTAN, le FMI, la Banque Mondiale… L'Amérique est sans doute le centre de ce capitalisme belliqueux. Mais, ce qui très louable, beaucoup d'Américains se lèvent aujourd'hui à travers associations, mouvements patriotiques et société civile pour essayer d'impulser une nouvelle mentalité plus socialisante. Ce mouvement social crée des dynamiques de lutte pour la modération et le contrôle de la course vers les cellules souches, les OGM, les guerres sanglantes et insensées bref l'hégémonisme aveugle.

Les recherches sur les cellules souches et en domaine biomédical nous ont values certes des performances heureuses traduites, entre autres, par l'éradication ou la maîtrise de certaines défaillances et infections telles que les crises cardiaques ou cérébrales, les maladies d'Alzheimer et de parkinson, les traumatismes de la moelle osseuse, le diabète, les grands brûlés, les phénomènes de rejet lors des greffes d'organes, etc. Mais quand elles constituent maintenant des enjeux ou stratégies politico-économiques et militaires, débordant totalement la sphère biomédicale, il y a alors réellement problème et un risque double. D'une part, la vitesse à l'aventure incertaine des recherches s'accentue et cela place les nations dans des face à face, selon de nouvelles modalités cette fois-ci biologico-militaires et techniques, d'autre part. Ce chemin semble déjà tracé avec le « véto » de l'armement nucléaire. L'Iran doit, en effet, être discipliné et canalisé, mais pas moins que les États-Unis et l'Israël. Et qu'en est-il des autres superpuissances ?

On peut se rappeler l'équation l'« Iran » pour ce qui concerne le nucléaire même si l'enjeu biologique nous semble plus dangereux du fait qu'il engage plus l'être de l'Homme, c'est-à-dire sa propre manipulation, sa propre amélioration. Un mot qui gêne vraiment, ou tout au moins chez les hommes qui veulent demeurer des hommes ni plus ni moins. Aujourd'hui, avec la postmodernité, beaucoup parle de post humanité pour désigner peut être l'avènement probable de nouvelles humanités, seulement une aporie pèse sur l'idée des cellules souches : leurs merveilles n'aiguiseront-elles pas l'appétit de découvrir des hommes au point de les pousser à inventer les « extra-terrestres » à défaut d'en trouver ?

Dans la « littérature de l'anticipation », le modus operandi demeure l'utopie exprimée pour la plupart sous le mode de la nostalgie et du souhait. Les exemples de *1984* de Georges Orwel et *Le meilleur des mondes* d'Aldous Huxley sont en ce sens caractéristiques d'une volonté de conquérir la perfection en ce monde. Huxley envisage clairement la possibilité du choix des comportements sociaux de futurs bébés en phase de « bokanovskification » — plus impressionnante que la fécondation *in vitro* — dans les laboratoires ; ce qui est très révélateur sur les rêves effrayants des manipulations biotechnologiques de laboratoires en cours. Mais, le cadre cinématographique est plus complexe encore, car l'utopie qu'il met en scène ne s'opère point sous le mode du souhait et de la nostalgie, mais bien sous celui du « déjà possible ». Qu'est-ce qui nous garantit que la révélation des films « fictions-biotechnologique » en ce sens n'est pas la mise en exécution — test — imagée de possibles prouesses de laboratoire ?

Toutes ces préoccupations doivent nous amener à réfléchir sur la mise en place de cadres institutionnels universels pour encadrer et réglementer les recherches en question. Une attention particulière est aujourd'hui portée sur la question écologique, la question des biotechnologies ne doit pas susciter moins d'intérêt auprès des instances internationales compétentes. Cela va dans le sens de promouvoir une humanité équilibrée et responsable. Nous espérons, avec la poussée grandissante des mouvements altermondialistes et anticapitalistes américains, que cette grande nation servira de fer de lance à ce projet de « construction d'une responsabilité universelle » afin que l'humanité ne se vide point de toute sa substance humaine et spirituelle.

INDEX DES TERMES ET NOTIONS TECHNIQUES

La naissance de la biologie moléculaire

Le XXe siècle coïncide avec la naissance de la génétique : débutant avec la redécouverte des travaux de Mendel précisément en 1900, se poursuivant par l'élaboration de la théorie chromosomique de l'hérédité au début du siècle, la découverte de l'ADN comme support biochimique de l'information génétique, l'élucidation de sa structure, et l'explosion de la biologie moléculaire à partir des années 70.

Les cellules souches

Elles sont des cellules indifférenciées (ou totipotentes) qui peuvent ensuite se spécialiser en cellules spécifiques de fonctions ou d'organes sous l'influence de facteurs de croissance également spécifiques de fonctions ou d'organes. L'espoir des chercheurs est de parvenir à « piloter » la spécialisation des cellules souches de façon à créer ou à réparer des fonctions ou des tissus pour traiter diverses maladies – par exemple de nouvelles cellules pancréatiques (ou autres) produisant de l'insuline chez les diabétiques de type 1, pour corriger les déficits responsables de la maladie de Parkinson, ou de la maladie d'Alzheimer, ou restaurer des connexions nerveuses chez les sujets dont la moelle épinière est lésée.

L'émergence de la génétique formelle

La génétique classique débute au milieu du XIXe siècle avec les travaux de Gregor Mendel (1822-1884), qui établit dès 1866 les premières lois de l'hérédité en étudiant la transmission au cours des générations d'un certain nombre de caractères simples à observer. Ce sont des caractères à versions alternatives tranchées : fruits lisses ou rugueux, verts ou jaunes, graines rondes ou irrégulières, jaunes ou vertes, tige haute ou petite. Ces travaux passent alors inaperçus et seront redécouverts en 1900.

Le chromosome : support de l'hérédité

En 1900, les travaux de Thomas Morgan (1866-1945) sur la transmission à la descendance de caractère mutée chez la mouche du vinaigre (Drosophila melanogaster) conduisent au développement de la théorie chromosomique de l'hérédité. Les gènes sont alors localisés sur les chromosomes, et avec Alfred Sturtevant (1891-1970), ils pourront même y être ordonnés, constituant les premières cartes génétiques en 1913.

La convergence de la biochimie et de la génétique

Si la présence des gènes sur les chromosomes est alors établie, rien n'est connu de la nature biochimique des gènes ou de leur mode d'action. La première relation entre un gène et un enzyme est établie en 1902 par Archibald Garrod (1857-1936), à partir d'une observation portant sur une maladie génétique humaine (déficience enzymatique transmissible à la descendance). Georges Wells Beadle (1903-1989) approfondit cette relation sur un système accessible à l'expérimentation, le champignon *Neurospora crassa* sur lequel il réalise des mutations par irradiation. L'ensemble de ces travaux aboutissent finalement à la conclusion que les gènes contrôlent la synthèse des enzymes, et que chaque protéine est codée par un gène différent.

L'ADN, support de l'information génétique

Le premier phénomène qui allait permettre de progresser dans l'identification du support de l'hérédité est celui de la transformation bactérienne, rapporté en 1928 par l'anglais Fred Griffith (1877-1941). Ce phénomène représente alors un test d'activité biologique (injection de bactéries virulentes ou non à des souris), grâce auquel il est possible de déterminer la nature du matériel génétique. Ce test ne sera pas mis à profit par Griffith lui-même, mais par Oswald Avery (1877-1955) qui l'utilise pour élucider la nature biochimique du matériel génétique : l'ADN. Cette découverte est toutefois accueillie avec beaucoup de scepticisme. Il faudra de nombreux autres travaux pour que cette réalité soit acceptée : en particulier ceux d'Erwin Chargaff (1905-1992) ou d'Alfred Hershey (1908-1997). L'acceptation définitive ne viendra qu'avec l'élucidation de la structure de l'ADN par Watson et Crick.

La structure de l'ADN

Finalement, c'est avec l'élucidation de la structure en double hélice de l'ADN par James Dewey Watson (1928) et Francis Harry Compton Crick (1916-2004) en 1953 que la biologie moléculaire connaît son apothéose. Ils établissent en effet un modèle moléculaire à l'aide de l'ensemble des données acquises sur l'ADN depuis le début du siècle. Cette structure est aujourd'hui connue de tous, elle est devenue l'emblème de la biologie moléculaire (voire la couverture de ce document) ! En outre, Crick a apporté d'importantes contributions à plusieurs domaines de la biologie moléculaire : c'est à lui que l'on doit notamment le dogme central de la biologie, qui stipule que le flux d'information depuis les acides nucléiques vers les protéines est à un sens unique.

Définition de la Biologie moléculaire

L'étude des molécules porteuses du message héréditaire (ADN, ARN), de leur structure, synthèse, altérations (mutations) ou transformation.

La cellule

Une cellule, c'est d'abord un volume, lequel volume est borné par une enveloppe ou plus précisément une membrane qui sépare l'intérieur de l'extérieur. L'extérieur, c'est le milieu où se trouvent les sources d'énergies, le plus souvent sous forme de petites molécules, des sucres tels que le glucose, le lactose, des sels minéraux... L'intérieur c'est le milieu des métamorphoses, où atomes et molécules se séparent et s'assemblent, où de l'ordre se crée pour que s'accomplisse le « projet » cellulaire. En d'autres termes, elle est constituée d'une membrane plasmique souple, de cytoplasme, d'un noyau, qui renferme les chromosomes et de divers organites. Les principaux organites présents dans le cytoplasme sont les mitochondries, qui assurent la respiration, le réticulum endoplasmique, qui fabrique des protéines, des lipides et des chromosomes et l'appareil de Golgi qui collecte et protège des enzymes et des hormones.

Clonage moléculaire

La recombinaison *in vitro* d'un fragment d'ADN avec un vecteur se répliquant de manière autonome à l'intérieur d'une cellule hôte (bactérie par ex.). La culture de cette cellule contenant le vecteur recombiné permet l'isolement de l'ADN inséré à l'état pur et en quantités illimitées.

Code génétique

Code définissant la correspondance entre les codons et les acides aminés.

Dénaturation de l'ADN

Passage de la forme double-brin à la forme simple brin. Elle est obtenue le plus souvent par la chaleur. Se dit également pour l'abolition de la structure secondo-tertiaire de l'ADN simple brin.

Enzyme

Protéine catalysant une réaction chimique. Les enzymes sont indispensables à la réalisation de la plupart des réactions biochimiques dans la cellule. Chacune a une activité spécifique : inhiber, déclencher ou accélérer une réaction, couper ou lier des molécules particulières...

Gène

Séquence de nucléotides contenant l'information pour la production d'une protéine particulière.

Génotype

Constitution génétique d'un individu

Recombinaison génétique *in vitro*

Assemblage expérimental de séquence d'ADN (ex. insertion d'un ADN exogène dans un vecteur).

Transformation bactérienne

Technique expérimentale consistant à faire pénétrer un fragment d'ADN exogène dans une bactérie.

Vecteur

Séquence nucléotidique capable de s'auto répliquer, utilisée pour la recombinaison in vitro de l'ADN et son amplification extra-chromosomique (clonage) (ex. plasmide, bactériophage).

Biotechnologie

Ensemble de techniques qui vise à l'exploitation des micro-organismes, des cellules animales et végétales et de leurs constituants, pour la production de biens et de service. Les biotechnologies connaissent, depuis le milieu du XXe siècle, un véritable essor dans tous les secteurs, essentiellement grâce aux progrès de la biologie moléculaire qui donnent accès à de nouveaux produits et améliorent des procédés traditionnels.

BIBLIOGRAPHIE

Al-Jawziyah Ibn Qayyem, *Traité de l'âme (kitâb ar-ruh)*, Trad. Fawzi Ali Mohammad, Beyrouth-Liban : Dar Al-Kotob Al-Ilmiyah, 2e édition, 2007.

Ahmed Lala Anas, *L'Homme descend-il du singe* ? Lyon, Éditions Tawhid, 2001.

Association Médicale Bahà'ie, *Embryon qui es-tu ?,* sous la présidence du Pr J-Y. Gillet, Paris, L'Harmattan, 2001.

Aron Raymond, *Essai sur les libertés*, Paris, Calmann-Lévy, 1965.

Belpomme Dominique, *Avant qu'il ne soit trop tard*, Paris, Fayard, 2007.

Bersini Hugues & Reisse Jacques, *Comment définir la vie ? Les réponses de la biologie, de l'intelligence artificielle et de la philosophie des sciences*, ouvrage collectif, Paris, Vuibert, 2007.

Boitte Pierre, Cadoré Bruno, Jacquemin Dominique, Zorilla Sergio, *Pour une bioéthique clinique*, Villeneuve-d'Ascq, Presse Universitaire du Septentrion, 2002.

Coville Bruce, *Mon prof s'allume dans le noir,* Trad. de l'américain par Jean-Baptiste Médina, Paris, POCKET, 1995.

Chneiweiss Hervé et Nau Jean-Yves, *Bioéthique : avis de tempêtes*, Paris, Éditions ALVIK, 2003.

Clément Jean-Loup, *Mon père c'est mon père, l'histoire singulière des enfants conçus par Insémination Artificielle avec Donneur*, Paris, L'Harmattan, 2006.

Combesque Marie Agnès & Ibrahim Warde, *Mythologies américaines*, Paris, Éditions du Félin, 2002, p. 162.

Cohn Norman, *The pursuit of the millenium* (second edition), New York, 1961.

Deslandes Luc, *Dictionnaire de Culture générale*, 2e édition, Paris, Librairie Vuibert, 2006.

Defarges Philippe Moreau, *L'ordre mondial*, Paris, Éditions Dalloz, Armand Colin, 2e édition, 2000.

Descartes René, *Discours de la méthode*, 6e partie, Œuvres et Lettres, Paris, Gallimard, 1952.

Descombes René, *Les carrés magiques*, Paris, Librairie Vuibert, 2000.

Eliade Mircea, *Le mythe de l'éternel retour*, Collection Folio/Essais, Paris, Éditions Gallimard, 1969.

Eliade Mircea, *La nostalgie des origines*, Collection Folio/Essais, Paris, Gallimard, 1971.

Fassin Éric, *Démocratie précaire*, Paris, La Découverte, 2012.

Fukuyama Francis, *La fin de l'histoire et le dernier homme*, Paris, Champs/Flammarion, 1992.

Foé Nkolo, *Le post-modernisme et le nouvel esprit du capitalisme sur une philosophie globale d'empire,* Dakar, CODESRIA, 2008.

Fabien Simonne, *Messieurs les médecins rendez nous notre mort*, Paris, Éditions Albin Michel, 1975.

Gobineau Comte Joseph Arthur de., *Essai sur l'inégalité des races humaines*, Paris, Filmin-Didot, 1940.

Guillemette De Véricourt, *L'euthanasie : mieux mourir* ?, Toulouse, Les éditions Milan, 1999.

Hervé Christian, *Éthique de la recherche et éthique clinique*, Paris, L'Harmattan, 1998.

Hirsch Emmanuel, *L'éthique au cœur des soins, un itinéraire philosophique*, Paris, Espace éthique/Vuibert, 2006.

ISESCO, Stratégie pour le développement de la biotechnologie dans le monde islamique, Organisation Islamique pour l'Éducation, les Sciences et la Culture, Rabat, 2006.

Ibrahim Mohsin, *Greffe d'organes, Euthanasie et clonage, le point de vue de l'islam*, Lyon, Éditions Tawhid, 2003.

Jacquard Albert, *Éloge de la différence, La génétique et les hommes*, Paris, Éditions du Seuil, 1978.

Jacquard Albert, *Voici le temps du monde fini*, Paris, Éditions du Seuil, 1991.

Kundera Milan, *Les testaments Trahis*, Paris, Éd. Gallimard, 1993.

Lalande André, *Vocabulaire technique et critique de la philosophie*, Paris, PUF/Quadrige, 1926.

Laniel Bertlinde, *Le mot « democracy »aux États-Unis et son histoire de 1780 à 1856*, Publications de l'Université de Saint-Etienne, 1995.

Leleux Claudine, *La démocratie moderne*, Paris, Les Éditions du CERF, 1997.

Lecourt Dominique, *Humain Post Humain*, Paris, PUF, 2003.

Lombard Jean, *Éthique médicale et philosophie : l'apport de l'Antiquité*, Paris, L'Harmattan, 2009.

Le Petit Larousse, Paris, Larousse, 1994.

Latouche Serge, *L'occidentalisation du monde*, Paris, Éditions La Découverte, 1989.

Latouche Serge, *Petit traité de la décroissance sereine*, Paris, Mille et une nuits, 2007.

Leith Sam, *You talking to me ? Rhetoric from Aristotle to Obama,* London, Profile Books LTD, 2011.

Mallet Donatien, *Pratiques soignantes et dépénalisation de l'euthanasie*, Paris, L'Harmattan, 2012.

Montagut Jean, *Concevoir l'embryon*, Paris, Masson, 2000.

Moore Michael, *Mike contre attaque ! Bienvenue aux États stupides d'Amériques*, Trad. Marc Saint-Upéry, Paris, 10/18 / La Découverte, 2002.

Mazliak Paul, *Descartes, de la Science universelle à la Biologie*, Paris, Vuibert-ADAPT, 2005.

Moore Thomas, *L'utopie*, Trad. Marie Delcourt, Paris, G-FLAMMARION, 1987.

Nietzsche Friedrich, *Nachegelassene Werke*, Bânde XIII, § 653.

Obama Barack, *L'audace d'espérer*, Trad. Jacques Martinache, Paris, Nouveaux Horizons, 2008.

Obama Barack, *Le changement, nous pouvons y croire*, Paris, Odile Jacob, Traduction Jean-Luc Allouche, Michel Bessières, Agnès Botz et Michèle Garène, 2009.

Obama Barack, *Les rêves de mon père*, Trad. Danièle Darneau, Paris, Nouveaux Horizons, 2008.

Preciado Beatriz, *Testo Junkie : sexe, drogue et biopolitique*, Trad. de l'espagnol par l'auteur, Paris, Éditions Grasset, 2008.

Provost Renee-Pascale, *Revivre après la vie*, Paris, Éditions De Vecchi Poche, 1989.

Raël Claude Vorilhon, *Oui au clonage humain*, Québec, Les Éditions Québec-Livres, 2001.

Samb Djibril, *L'Afrique dans le temps du monde*, Paris, L'Harmattan, 2010.

Seilhean Danielle, *Regarder la mort en face : réflexions sur le don d'organe pour la recherche*, Paris, L'Harmattan, 2003.

Salat-Baroux Frédéric, *Les lois de bioéthique*, Éditions Dalloz, Paris, 1998.

Schwartzenberg Léon & Pierre Viansson-Ponté, *Changer la mort*, Paris, Éditions Albin Michel, 1977.

Savadogo Mahamadé, *La parole et la cité*, Paris, L'Harmattan, 2002.

Woodruff M.F.A, *"The Ethics of Organ Transplantation" In Biology and Ethics* (Débats du colloque qui s'est tenu à la Royal Geographical Society à Londres le 26 et le 27 Septembre 1968) Ed. E.J. Ebling, London Academic Press, 1969.

Ziegler Jean, *La Haine de l'Occident*, Paris, Éditions Albin Michel, 2008.

ARTICLES

Bachelard Gaston, « La vérité est rectification d'erreurs »,1938.

Comte-Sponville André, « La mort volée » in le magazine *Psychologies* de septembre 1998.

Castoriadis Cornélius, « De l'utilité de la connaissance, Cahiers Vilfredo Pareto » in *Revues européenne des sciences sociales,* n°79, 1988.

Choay Jean, « Jacques Monod : l'Homme n'est qu'un accident », 29 novembre 2010.

Effa Pierre, « L'inculturation en éthique médicale : l'initiative panafricaine « PABIN » en bioéthique » in *Éthique médicale interculturelle* (Regards francophones), sous la direction de Nicolas Kopp, Marie-Pierre Réthy, Claudine Brelet et François Chapuis, Paris, L'Harmattan, 2006.

Fukuyama Francis, « US democracy has little to teach China », janvier 2011.

Kanl Axel, « *Le clonage* », in *La pensée* (journal), Paris, n°330 avril/juin, 2002.

Réthy Marie-Pierre (documentaliste, CHU de Lyon), « Les comités d'éthique en Europe et en Afrique subsaharienne » *in Éthique médicale interculturelle*, (Sous la dir. Nicolas Kopp, Marie-Pierre Réthy, Claudine Brelet et François Chapuis), Paris, L'Harmattan, 2006.

Samba Sylla Ndongo, « Y a-t-il une relation entre démocratie et développement ? » in *Déconstruire le discours libéral*, Vol. 1, Dakar, ARCADE/Fondation Rosa Luxembourg, 2014.

REVUE ET JOURNAL

Donum Vitae (Joseph Ratzinger et Alberto Bovone, 22 février 1987).

Evangelium vitæ (lettre encyclique de Jean-Paul II, 25 mars 1995. Le Courrier International, Paris, 14 mai, 2009.

Le Monde.fr avec AFP | 07.03.2009 à 11h02 • Mis à jour le 09.03.2009 à 19h33.

L'hebdomadaire Tunis Hebdo, mai 2015.

« Quelle maîtrise de la procréation ? » In *JFP* (*Journal Français de Psychiatrie) : Clinique, Scientifique et Psychanalyse*, n°20 (L'aide médicale à la procréation : Enjeux et controverses), Éditions érès, 2003.

WEB

www. http://fr.wikipedia.org/

TABLE DES MATIÈRES

Troisième partie

La trahison des fondamentaux religieux et de l'éthique américaine

Quatrième partie

La future guerre des clones : des armes intelligentes aux armées biotechnologiques

L'HARMATTAN ITALIA
Via Degli Artisti 15; 10124 Torino
harmattan.italia@gmail.com

L'HARMATTAN HONGRIE
Könyvesbolt ; Kossuth L. u. 14-16
1053 Budapest

L'HARMATTAN KINSHASA
185, avenue Nyangwe
Commune de Lingwala
Kinshasa, R.D. Congo
(00243) 998697603 ou (00243) 999229662

L'HARMATTAN CONGO
67, av. E. P. Lumumba
Bât. – Congo Pharmacie (Bib. Nat.)
BP2874 Brazzaville
harmattan.congo@yahoo.fr

L'HARMATTAN GUINÉE
Almamya Rue KA 028, en face
du restaurant Le Cèdre
OKB agency BP 3470 Conakry
(00224) 657 20 85 08 / 664 28 91 96
harmattanguinee@yahoo.fr

L'HARMATTAN MALI
Rue 73, Porte 536, Niamakoro,
Cité Unicef, Bamako
Tél. 00 (223) 20205724 / +(223) 76378082
poudiougopaul@yahoo.fr
pp.harmattan@gmail.com

L'HARMATTAN CAMEROUN
BP 11486
Face à la SNI, immeuble Don Bosco
Yaoundé
(00237) 99 76 61 66
harmattancam@yahoo.fr

L'HARMATTAN CÔTE D'IVOIRE
Résidence Karl / cité des arts
Abidjan-Cocody 03 BP 1588 Abidjan 03
(00225) 05 77 87 31
etien_nda@yahoo.fr

L'HARMATTAN BURKINA
Penou Achille Some
Ouagadougou
(+226) 70 26 88 27

L'HARMATTAN SÉNÉGAL
10 VDN en face Mermoz, après le pont de Fann
BP 45034 Dakar Fann
33 825 98 58 / 33 860 9858
senharmattan@gmail.com / senlibraire@gmail.com
www.harmattansenegal.com

L'HARMATTAN BÉNIN
ISOR-BENIN
01 BP 359 COTONOU-RP
Quartier Gbèdjromèdé,
Rue Agbélenco, Lot 1247 I
Tél : 00 229 21 32 53 79
christian_dablaka123@yahoo.fr

Achevé d'imprimer par Corlet Numérique - 14110 Condé-sur-Noireau
N° d'Imprimeur : 127296 - Dépôt légal : mars 2016 - *Imprimé en France*

www.ingramcontent.com/pod-product-compliance
Lightning Source LLC
LaVergne TN
LVHW010935061026
849535LV00007B/2410